# 组态软件控制技术

主 编 覃贵礼
副主编 吴尚庆

北京理工大学出版社
BEIJING INSTITUTE OF TECHNOLOGY PRESS

## 内 容 简 介

本书以目前广泛应用的组态王 Kingview 6.50 软件来进行编写。全书共分为 13 章,组态软件概述、I/O 设备管理、变量的定义和管理、动画连接、用户脚本程序、趋势曲线、报表系统、报警和事件、系统安全以及控制实训等内容都做了详细的介绍。

本书是根据作者多年从事组态软件控制技术教学经验而编写的,重点突出实用性、适用性和先进性。通过本书的学习,读者可以循序渐进地掌握使用组态王 Kingview 6.50 软件进行开发的整个过程,并且系统地掌握组态软件工程应用技术。

本书主要作为高等职业学校电气自动化技术、机电一体化技术、应用电子技术等专业的教材,同时还可作为相关工程技术人员的自学用书。

**版权专有　侵权必究**

### 图书在版编目（CIP）数据

组态软件控制技术/覃贵礼主编. —北京：北京理工大学出版社，2022.9 重印

ISBN 978-7-5640-1239-7

Ⅰ. 组… Ⅱ. 覃… Ⅲ. 软件开发-高等学校-教材 Ⅳ. TP311.5

中国版本图书馆 CIP 数据核字（2007）第 109371 号

出版发行 / 北京理工大学出版社
社　　址 / 北京市海淀区中关村南大街5号
邮　　编 / 100081
电　　话 /（010）68914775（办公室）　68944990（批销中心）　68911084（读者服务部）
网　　址 / http：//www.bitpress.com.cn
经　　销 / 全国各地新华书店
印　　刷 / 保定市中画美凯印刷有限公司
开　　本 / 787 毫米×960 毫米　1/16
印　　张 / 18.25
字　　数 / 366 千字
版　　次 / 2022 年 9 月第 1 版第 23 次印刷　　　　　责任校对 / 陈玉梅
定　　价 / 52.00 元　　　　　　　　　　　　　　　责任印制 / 吴皓云

图书出现印装质量问题,本社负责调换

# 出版说明

当前，高度发达的制造业和先进的制造技术已经成为衡量一个国家综合经济实力和科技水平的重要标志之一，成为一个国家在竞争激烈的国际市场上获胜的关键因素。

如今，中国已成为制造业大国，但还不是制造业强国。我们要从制造业大国走向制造业强国，必须大力发展以机电一体化为主的先进制造技术，提高计算机辅助设计与制造（CAD/CAM）的技术水平。

制造业要发展，人才是关键。尽快培养一批高技能人才和高素质劳动者，是先进制造业实现技术创新和技术升级的迫切要求。高等职业教育既担负着培养高技能人才的任务，也为自身的发展提供了难得的机遇。

为适应制造业的深层次发展和机电一体化技术的广泛应用，根据高等职业教育发展与改革的新形势，北京理工大学出版社组织知名专家、学者，与生产制造企业的技术人员反复研讨，以教育部《关于加强高职高专人才培养工作的若干意见》等文件对高职高专人才培养的要求为指导思想，确立了"满足制造业对人才培养的需求，适应行业技术改革，紧跟前沿技术发展"的思路，编写了这套高职高专教材。本套教材力图实现：以培养综合素质为基础，以能力为本位，把提高学生的职业能力放在突出位置，加强实践性教学环节，使学生成为企业生产服务一线迫切需要的高素质劳动者；以企业需求为基本依据，以就业为导向，增强针对性，又兼顾适应性；课程设置和教学内容适应技术发展，突出机电一体化、数控技术、模具等应用专业领域的新知识、新技术、新工艺和新方法；教学组织以学生为主体，提供选择和创新的空间，构建开放、富有弹性、充满活力的课程体系，适应学生个性化发展的需要。

本套教材的主要特色有：

1. 借鉴国内外职业教育先进教学模式，顺应现代职业教育教学制度的改革趋势；
2. 以就业为导向，进行了整体优化；
3. 理论与实践一体化，强化了知识性和实践性的统一。

本套教材适合于作为高职高专院校机电一体化、数控技术、机械制造及自动化、模具设计与制造等专业的课程教学和技能培训用书。

北京理工大学出版社

# 前　言

根据新技术发展的趋势，为满足高职高专机电类相关专业教学最新形式发展的需要，我们广泛进行调研，并组织编写了本教材，供电气自动化技术、机电一体化技术、应用电子技术等相关专业使用。

本书以目前广泛应用的组态王 Kingview 6.50 软件为蓝本，较为全面地介绍了该软件的基础知识和具体应用。第1章以一个简单实例的建立和运行引入组态王软件的学习，依据这一思路，将本书分为13章，并且以一个实例（反应车间监控中心）贯穿于第3~12章之间，每章后面实例部分均以反应车间监控中心为主线逐步添加系统的功能，从而深入地学习该软件的应用。第13章通过组态王软件与 PLC 和数据采集卡等实训部分使学生较为全面的掌握组态王软件的应用。

本书在编写中突出以下特点：

1. 突出高职特色，注重实用性。做到理论知识够用为度，加强实践教学和实际应用知识的内容。教材中所有实例采用循序渐进的方式进行编写，针对性强，实用性强，易于引起学生的兴趣。

2. 注重学生技能训练。本书内容的编排与一般教材不同，理论和实训穿插进行，以利于采用"一体化"的教学模式，充分体现高等职业教育特色。

3. 注重内容的实用性、先进性。组态控制技术作为计算机控制技术发展的产物，其先进性和实用性已为工业现场的广大工程技术人员认可，并得到了广泛的应用。教材选择了当前应用较为普遍的组态王 Kingview 6.50 组态软件进行学习，使学生掌握一般组态控制技术和组态软件的使用方法。在设计实例上，硬件选用了 I/O 板卡和 PLC 作为下位机进行数据采集和控制，反映了组态控制技术的几个不同方面。

4. 结构安排合理，便于组织教学。教材在内容上由浅入深，遵循快速入门（一个完整工程）→深入学习→实际设计3个部分。经过第1章的快速入门部分，学生就可以快速掌握一般组态王工程的设计过程，再经过随后各章理论学习和实例训练逐步深入地掌握组态王的应用，最后通过第13章实训部分掌握组态王的具体应用。第13章的实训部分可以根据自己的具体情况有选择性进行组织学习和教学。

本书由广西职业技术学院覃贵礼任主编，广西工业职业技术学院吴尚庆任副主编，广西职业技术学院王显梅、兰国莉、卢爱勤，广西工业职业技术学院杨铨，柳州职业技术学院邓其贵等同志参编。其中覃贵礼编写第1章、第2章、第3章、第4章、第5章、第13章中的实训1部分和第3~12章中所附带的实例部分，吴尚庆编写第11章、第12章和第13章实训部分中的实训3、实训4、实训5和实训6，杨铨编写第8章、第9章和第10章部分，王显梅编写第7章部分，兰国莉、卢爱勤共同编写第6章部分，邓其贵编写第13章中的实训2部分，同时兰国莉还参与了本书的校对工作，全书由覃贵礼进行统稿。

本书在编写过程中得到了北京亚控科技发展有限公司广州分公司郑炳权总经理的大力支持和帮助，在此表示感谢。

由于编者学识和水平有限，书中难免有错漏之处，敬请各位同行、专家和广大读者批评指正。

编　者

# 目　录

**第1章　组态软件概述及组态王软件安装和运行** ……………………………………（1）
　1.1　组态软件概述 ………………………………………………………………（1）
　1.2　组态王软件的安装 …………………………………………………………（5）
　1.3　组态王的使用入门 …………………………………………………………（6）

**第2章　I/O 设备管理** ……………………………………………………………（20）
　2.1　设备管理 ……………………………………………………………………（20）
　2.2　组态王提供的模拟设备——仿真 PLC ……………………………………（28）
　2.3　组态王提供的通讯的其他特殊功能 ………………………………………（32）

**第3章　变量定义和管理** …………………………………………………………（38）
　3.1　变量的类型 …………………………………………………………………（38）
　3.2　基本变量的定义 ……………………………………………………………（40）
　3.3　I/O 变量的转换方式 ………………………………………………………（43）
　3.4　实例——反应车间监控中心（组态王工程） ……………………………（50）

**第4章　组态画面的动画连接** ……………………………………………………（59）
　4.1　动画连接概述 ………………………………………………………………（59）
　4.2　通用控制项目 ………………………………………………………………（61）
　4.3　动画连接详解 ………………………………………………………………（62）
　4.4　动画连接向导的使用 ………………………………………………………（78）
　4.5　实例——动画连接 …………………………………………………………（81）

**第5章　用户脚本程序** ……………………………………………………………（85）
　5.1　命令语言类型 ………………………………………………………………（85）
　5.2　命令语言语法 ………………………………………………………………（93）
　5.3　命令语言执行中如何跟踪变量的值 ………………………………………（97）

5.4 在命令语言中使用自定义变量 ……………………………………………（97）
5.5 实例——命令语言应用控制 ……………………………………………（98）

## 第 6 章 趋势曲线 …………………………………………………………………（101）
6.1 曲线的一般介绍 …………………………………………………………（101）
6.2 实时趋势曲线 ……………………………………………………………（101）
6.3 历史趋势曲线 ……………………………………………………………（104）
6.4 实例——实时和历史趋势曲线 …………………………………………（117）

## 第 7 章 报表系统 …………………………………………………………………（126）
7.1 创建报表 …………………………………………………………………（126）
7.2 报表组态 …………………………………………………………………（128）
7.3 报表函数 …………………………………………………………………（130）
7.4 套用报表模板 ……………………………………………………………（134）
7.5 制作实时数据报表 ………………………………………………………（135）
7.6 制作历史数据报表 ………………………………………………………（136）
7.7 实例——实时和历史数据报表 …………………………………………（137）

## 第 8 章 报警和事件 ………………………………………………………………（148）
8.1 关于报警和事件 …………………………………………………………（148）
8.2 报警组的定义 ……………………………………………………………（148）
8.3 定义变量的报警属性 ……………………………………………………（151）
8.4 事件类型及使用方法 ……………………………………………………（155）
8.5 如何记录、显示报警 ……………………………………………………（157）
8.6 实例——报警系统 ………………………………………………………（166）

## 第 9 章 常用控件的应用 …………………………………………………………（172）
9.1 控件简介 …………………………………………………………………（172）
9.2 组态王内置控件 …………………………………………………………（173）
9.3 实例——XY 曲线的制作 ………………………………………………（178）

## 第 10 章 组态王与其他应用程序 …………………………………………………（181）
10.1 组态王 SQL 访问管理器 ………………………………………………（181）
10.2 组态王与数据库的连接 ………………………………………………（184）

10.3　组态王 SQL 使用简介 …………………………………………………（191）
   10.4　实例——组态王与数据库连接 ……………………………………（194）

**第 11 章　系统安全** ……………………………………………………………（202）
   11.1　组态王开发系统安全管理 …………………………………………（202）
   11.2　组态王运行系统安全管理 …………………………………………（203）
   11.3　实例——组态王的安全性 …………………………………………（209）

**第 12 章　组态王网络功能与 Web 发布** ……………………………………（213）
   12.1　网络功能 ……………………………………………………………（213）
   12.2　组态王 For Internet 应用 …………………………………………（219）
   12.3　实例——组态王网络连接与 Web 发布 …………………………（225）

**第 13 章　基于组态王 Kingview 6.50 的控制实训** …………………………（233）
   实训 1　基于组态王 Kingview 6.50 实现对机械手的控制实训 ………（233）
   实训 2　基于组态王 Kingview 6.50 实现对模拟电梯的控制实训 ……（240）
   实训 3　基于组态王 Kingview 6.50 实现对自动大门控制的实训 ……（246）
   实训 4　基于组态王 Kingview 6.50 实现恒压供水控制的实训 ………（255）
   实训 5　基于组态王 Kingview 6.50 实现次品检测自动控制的实训 …（262）
   实训 6　基于组态王 Kingview 6.50 实现双储液罐自动控制的实训 …（270）

**参考文献** ………………………………………………………………………（279）

# 第1章

# 组态软件概述及组态王软件安装和运行

## 1.1 组态软件概述

1. 组态软件产生的背景

"组态"的概念是伴随着集散型控制系统（Distributed Control System，简称 DCS）的出现才开始被广大的生产过程自动化技术人员所熟知的。在工业控制技术的不断发展和应用过程中，PC（包括工控机）相比以前的专用系统具有的优势日趋明显。这些优势主要体现在：PC 技术保持了较快的发展速度，各种相关技术成熟；由 PC 构建的工业控制系统具有相对较低的成本；PC 的软件资源和硬件资源丰富，软件之间的互操作性强；基于 PC 的控制系统易于学习和使用，可以容易地得到技术方面的支持。在 PC 技术向工业控制领域的渗透中，组态软件占据着非常特殊而且重要的地位。

组态软件是指一些数据采集与过程控制的专用软件，它们是在自动控制系统监控层一级的软件平台和开发环境，使用灵活的组态方式，为用户提供快速构建工业自动控制系统监控功能的、通用层次的软件工具。组态软件应该能支持各种工控设备和常见的通讯协议，并且通常应提供分布式数据管理和网络功能。对应于原有的 HMI 的概念，组态软件应该是一个使用户能快速建立自己的 HMI 的软件工具，或开发环境。在组态软件出现之前，工控领域的用户通过手工或委托第三方编写 HMI 应用，开发时间长，效率低，可靠性差；或者购买专用的工控系统，通常是封闭的系统，选择余地小，往往不能满足需求，很难与外界进行数据交互，升级和增加功能都受到严重的限制。组态软件的出现，把用户从这些困境中解脱出来，可以利用组态软件的功能，构建一套最适合自己的应用系统。随着它的快速发展，实时数据库、实时控制、SCADA、通讯及联网、开放数据接口、对 I/O 设备的广泛支持已经成为它的主要内容，随着技术的发展，监控组态软件将会不断被赋予新的内容。

## 2. 组态软件在我国的发展及国内外主要产品介绍

组态软件产品于 20 世纪 80 年代初出现，并在 80 年代末期进入我国。但在 90 年代中期之前，组态软件在我国的应用并不普及。究其原因，大致有以下几点：

（1）国内用户还缺乏对组态软件的认识，项目中没有组态软件的预算，或宁愿投入人力物力针对具体项目做长周期的繁冗的上位机的编程开发，而不采用组态软件。

（2）在很长时间里，国内用户的软件意识还不强，面对价格不菲的进口软件（早期的组态软件多为国外厂家开发），很少有用户愿意去购买正版。

（3）当时国内的工业自动化和信息技术应用的水平还不高，组态软件提供了对大规模应用、大量数据进行采集、监控、处理并可以将处理的结果生成管理所需的数据，这些需求并未完全形成。

随着工业控制系统应用的深入，在面临规模更大、控制更复杂的控制系统时，人们逐渐意识到原有的上位机编程的开发方式。对项目来说是费时费力、得不偿失的，同时，MIS（管理信息系统，Management Information System）和 CIMS（计算机集成制造系统，Computer Integrated Manufacturing System）的大量应用，要求工业现场为企业的生产、经营、决策提供更详细和深入的数据，以便优化企业生产经营中的各个环节。因此，在 1995 年以后组态软件在国内的应用逐渐得到了普及。下面就对几种组态软件分别进行介绍。

（1）InTouch：Wonderware 的 InTouch 软件是最早进入我国的组态软件。在 20 世纪 80 年代末、90 年代初，基于 Windows 3.1 的 InTouch 软件曾让我们耳目一新，并且 InTouch 提供了丰富的图库。但是，早期的 InTouch 软件采用 DDE 方式与驱动程序通讯，性能较差，最新的 InTouch 7.0 版已经完全基于 32 位的 Windows 平台，并且提供了 OPC 支持。

（2）Fix：美国 Intellution 公司以 Fix 组态软件起家，1995 年被爱默生收购，现在是爱默生集团的全资子公司，Fix6.x 软件提供工控人员熟悉的概念和操作界面，并提供完备的驱动程序（需单独购买）。Intellution 将自己最新的产品系列命名为 Ifix，在 Ifix 中，Intellution 提供了强大的组态功能，但新版本与以往的 6.x 版本并不完全兼容。原有的 Script 语言改为 VBA（Visual Basic for Application），并且在内部集成了微软的 VBA 开发环境。遗憾的是，Intellution 并没有提供 6.1 版脚本语言到 VBA 的转换工具。在 Ifix 中，Intellution 的产品与 Microsoft 的操作系统、网络进行了紧密的集成。Intellution 也是 OPC（Ole for Process Control）组织的发起成员之一。Ifix 的 OPC 组件和驱动程序同样需要单独购买。

（3）Citech：CIT 公司的 Citech 也是较早进入中国市场的产品。Citech 具有简洁的操作方式，但其操作方式更多的是面向程序员，而不是工控用户。Citech 提供了类似 C 语言的脚本语言进行二次开发，但与 Ifix 不同的是，Citech 的脚本语言并非是面向对象的，而是类似于 C 语言，这无疑为用户进行二次开发增加了难度。

（4）WinCC：Simens 的 WinCC 也是一套完备的组态开发环境，Simens 提供类似 C 语言的脚本，包括一个调试环境。WinCC 内嵌 OPC 支持，并可对分布式系统进行组态。但 WinCC

的结构较复杂，用户最好经过 Simens 的培训以掌握 WinCC 的应用。

（5）组态王：组态王是国内第一家较有影响的组态软件开发公司（更早的品牌多数已经湮灭）。组态王提供了资源管理器式的操作主界面，并且提供了以汉字作为关键字的脚本语言支持。组态王也提供多种硬件驱动程序。

（6）力控：大庆三维公司的力控是国内较早就已经出现的组态软件之一。随着 Windows 3.1 的流行，又开发出了 16 位 Windows 版的力控。但直至 Windows 95 版本的力控诞生之前，它主要用于公司内部的一些项目。32 位下的 1.0 版的力控，在体系结构上就已经具备了较为明显的先进性，其最大的特征之一就是其基于真正意义的分布式实时数据库的三层结构，而且其实时数据库结构可为可组态的活结构。在 1999—2000 年期间，力控得到了长足的发展，最新推出的 2.0 版在功能的丰富特性、易用性、开放性和 I/O 驱动数量，都得到了很大的提高。

其他常见的组态软件还有 GE 的 Cimplicity、Rockwell 的 Rsview、NI 的 Lookout、PCSoft 的 Wizcon 以及国内一些组态软件通态软件公司的 MCGS，也都各有特色。

### 3. 组态软件的发展方向

目前看到的所有组态软件都能完成类似的功能：比如，几乎所有运行于 32 位 Windows 平台的组态软件都采用类似资源浏览器的窗口结构，并且对工业控制系统中的各种资源（设备、标签量、画面等）进行配置和编辑；都提供多种数据驱动程序；都使用脚本语言提供二次开发的功能等等。但是，从技术上说，各种组态软件提供实现这些功能的方法却各不相同。从这些不同之处，以及 PC 技术发展的趋势，可以看出组态软件未来发展的方向。

1）数据采集的方式

大多数组态软件提供多种数据采集程序，用户可以进行配置。然而，在这种情况下，驱动程序只能由组态软件开发商提供，或者由用户按照某种组态软件的接口规范编写，这对用户提出了过高的要求。由 OPC 基金组织提出的 OPC 规范基于微软的 OLE/DCOM 技术，提供了在分布式系统下，软件组件交互和共享数据的完整的解决方案。在支持 OPC 的系统中，数据的提供者作为服务器（Server），数据请求者作为客户（Client），服务器和客户之间通过 DCOM 接口进行通讯，而无需知道对方内部实现的细节。由于 COM 技术是在二进制代码级实现的，所以服务器和客户可以由不同的厂商提供。在实际应用中，作为服务器的数据采集程序往往由硬件设备制造商随硬件提供，可以发挥硬件的全部效能，而作为客户的组态软件可以通过 OPC 与各厂家的驱动程序无缝连接，故从根本上解决了以前采用专用格式驱动程序总是滞后于硬件更新的问题。同时，组态软件同样可以作为服务器为其他的应用系统（如 MIS 等）提供数据。OPC 现在已经得到了包括 Intellution、Simens、GE、ABB 等国外知名厂商的支持。随着支持 OPC 的组态软件和硬件设备的普及，使用 OPC 进行数据采集必将成为组态中更合理的选择。

2）脚本的功能

脚本语言是扩充组态系统功能的重要手段。因此，大多数组态软件提供了脚本语言的支持。具体的实现方式可分为三种：一是内置的类 C/Basic 语言；二是采用微软的 VBA 的编程语言；三是有少数组态软件采用面向对象的脚本语言。类 C/Basic 语言要求用户使用类似高级语言的语句书写脚本，使用系统提供的函数调用组合完成各种系统功能。应该指明的是，多数采用这种方式的国内组态软件，对脚本的支持并不完善，许多组态软件只提供 IF…THEN…ELSE 的语句结构，不提供循环控制语句，为书写脚本程序带来了一定的困难。微软的 VBA 是一种相对完备的开发环境，采用 VBA 的组态软件通常使用微软的 VBA 环境和组件技术，把组态系统中的对象以组件方式实现，使用 VBA 的程序对这些对象进行访问。由于 Visual Basic 是解释执行的，所以 VBA 程序的一些语法错误可能到执行时才能发现。而面向对象的脚本语言提供了对象访问机制，对系统中的对象可以通过其属性和方法进行访问，比较容易学习、掌握和扩展，但实现比较复杂。

3）组态环境的可扩展性

可扩展性为用户提供了在不改变原有系统的情况下，向系统内增加新功能的能力，这种增加的功能可能来自于组态软件开发商、第三方软件提供商或用户自身。增加功能最常用的手段是 ActiveX 组件的应用，目前还只有少数组态软件能提供完备的 ActiveX 组件引入功能及实现引入对象在脚本语言中的访问。

4）组态软件的开放性

随着管理信息系统和计算机集成制造系统的普及，生产现场数据的应用已经不仅仅局限于数据采集和监控。在生产制造过程中，需要现场的大量数据进行流程分析和过程控制，以实现对生产流程的调整和优化。现有的组态软件对大部分这些方面需求还只能以报表的形式提供，或者通过 ODBC 将数据导出到外部数据库，以供其他的业务系统调用，在绝大多数情况下，仍然需要进行再开发才能实现。随着生产决策活动对信息需求的增加，可以预见，组态软件与管理信息系统或领导信息系统的集成必将更加紧密，并很可能以实现数据分析与决策功能的模块形式在组态软件中出现。

5）对 Internet 的支持程度

现代企业的生产已经趋向国际化、分布式的生产方式。Internet 将是实现分布式生产的基础。

6）组态软件的控制功能

随着以工业 PC 为核心的自动控制集成系统技术的日趋完善和工程技术人员的使用组态软件水平的不断提高，用户对组态软件的要求已不像过去那样主要侧重于画面，而是要考虑一些实质性的应用功能，如软件 PLC，先进过程控制策略等。

经典控制理论为基础的控制方案已经不能适应企业提出的高柔性、高效益的要求，以多变量预测控制为代表的先进控制策略的提出和成功应用之后，先进过程控制受到了过程工业界的普遍关注。先进过程控制（Advanced Process Control，APC）是指一类在动态环境中，基于模型、充分借助计算机能力，为工厂获得最大理论而实施的运行和控制策略。先进控制策略主要有：双重控制及阀位控制、纯滞后补偿控制、解耦控制、自适应控制、差拍控制、状态反馈控制、多变量预测控制、推理控制及软测量技术、智能控制（专家控制、模糊控制和神经网络控制）等，尤其智能控制已成为开发和应用的热点。目前，国内许多大企业纷纷投资，在装置自动化系统中实施先进控制。国外许多控制软件公司和 DCS 厂商都在竞相开发先进控制和优化控制的工程软件包。从上可以看出能嵌入先进控制和优化控制策略的组态软件必将受到用户的极大欢迎。

## 1.2　组态王软件的安装

"组态王"软件存于一张光盘上。光盘上的 Install.exe 安装程序会自动运行，启动组态王安装过程向导。

"组态王"的安装步骤如下：（以 Win2000 下的安装为例，WinNT4.0 和 WinXP 下的安装无任何差别）。

第一步：启动计算机系统。

第二步：在光盘驱动器中插入"组态王"软件的安装盘，系统会自动启动 Install.exe 安装程序，如图 1-1 所示，只要按照提示点击安装即可。

图 1-1　启动组态王安装程序

## 1.3 组态王的使用入门

1. 认识组态王程序成员

1）开发版

有 64 点、128 点、256 点、512 点、1 024 点和不限点共六种规格。内置编程语言,支持网络功能内置高速历史库,支持运行环境在线运行 8 小时。

2）运行版

有 64 点、128 点、256 点、512 点、1 024 点和不限点共六种规格。支持网络功能,可选用通讯驱动程序。

3）NetView

有 512 点、不限点共两种规格。支持网络功能,不可选用通讯驱动程序。

4）For Internet 应用

有 5 用户、10 用户、20 用户、50 用户、无限用户五种规格。在组态王普通版本上增加 Internet 远程浏览功能。

5）演示版

支持 64 点,内置编程语言,在线运行 2 小时,可选用通讯驱动程序。

2. 组态王的版本

所有版本都可以运行在 Windows 98（第二版）、Windows NT（补丁 6）、Windows 2000 和 Windows XP 系统下。

3. 制作一个工程的一般过程

建立新组态王工程的一般过程是：

1）设计图形界面（定义画面）；

2）定义设备；

3）构造数据库（定义变量）；

4）建立动画连接；

5）运行和调试。

需要说明的是,这五个步骤并不是完全独立的,事实上,这五个部分常常是交错进行的。

4. 组态王简单工程的建立与运行

要建立新的组态王工程,请首先为工程指定工作目录（或称"工程路径"）。"组态王"用工作目录标识工程,不同的工程应置于不同的目录。工作目录下的文件由"组态王"自动管理。

1）创建工程路径

启动"组态王"工程管理器（ProjManager）,选择菜单"文件\新建工程"或单击"新建"

按钮,弹出"新建工程向导一"对话框,如图1–2所示。

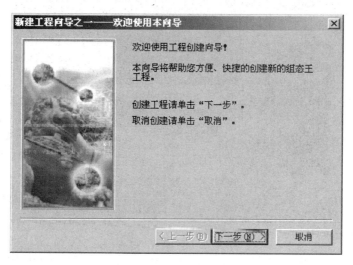

图1–2 新建工程向导一

单击"下一步"继续。弹出"新建工程向导之二"对话框,如图1–3所示。

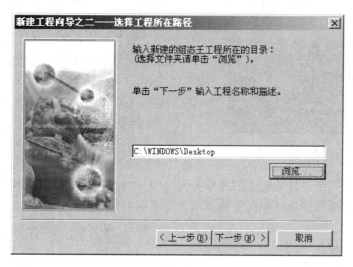

图1–3 新建工程向导二

在工程路径文本框中输入一个有效的工程路径,或单击"浏览…"按钮,在弹出的路径选择对话框中选择一个有效的路径。单击"下一步"继续。弹出"新建工程向导之三"对话框,如图1–4所示。

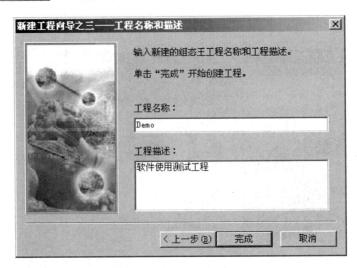

图1-4 新建工程向导三

在工程名称文本框中输入工程的名称,该工程名称同时将被作为当前工程的路径名称。在工程描述文本框中输入对该工程的描述文字。工程名称长度应小于32个字节,工程描述长度应小于40个字节。单击"完成"完成工程的新建。系统会弹出对话框,询问用户是否将新建工程设为当前工程,如图1-5所示。

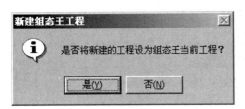

图1-5 是否设为当前工程对话框

单击"否"按钮,则新建工程不是工程管理器的当前工程,如果要将该工程设为新建工程,还要执行"文件\设为当前工程"命令;单击"是"按钮,则将新建的工程设为组态王的当前工程。

2)创建组态画面

进入组态王开发系统后,就可以为每个工程建立数目不限的画面。"组态王"采用面向对象的编程技术,使用户可以方便地建立画面的图形界面。用户构图时可以像搭积木那样利用系统提供的图形对象完成画面的生成。同时支持画面之间的图形对象拷贝,可重复使用以前的开发结果。

继续上节的工程。

第一步:定义新画面

进入新建的组态王工程,选择工程浏览器左侧大纲项"文件\画面",在工程浏览器右侧用鼠标左键双击"新建"图标,弹出对话框如图1-6所示。

在"画面名称"处输入新的画面名称,如Test,其他属性目前不用更改。点击"确定"按钮进入内嵌的组态王画面开发系统,如图1-7所示。

图 1-6 新建画面　　　　　　　　　图 1-7 组态王开发系统

第二步：在组态王开发系统中从"工具箱"中分别选择"矩形"和"文本"图标，绘制一个矩形对象和一个文本对象，如图 1-8 所示。

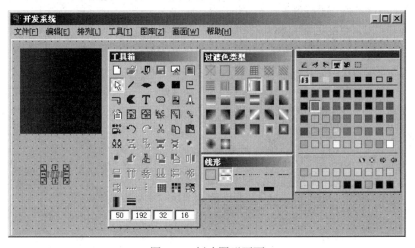

图 1-8 创建图形画面

在工具箱中选中"圆角矩形"，拖动鼠标在画面上画一矩形，如图 1-8 所示。用鼠标在工具箱中点击"显示画刷类型"和"显示调色板"。在弹出的"过渡色类型"窗口点击第二行第四个过渡色类型；在"调色板"窗口点击第一行第二个"填充色"按钮，从下面的色块中选取红色作为填充色，然后点击第一行第三个"背景色"按钮，从下面的色块中选取黑色作为背景色。此时就构造好了一个使用过渡色填充的矩形图形对象。

在工具箱中选中"文本",此时鼠标变成"I"形状,在画面上单击鼠标左键,输入"####"文字。

选择"文件\全部存"命令保存现有画面。

3)定义 I/O 设备

组态王把那些需要与之交换数据的设备或程序都作为外部设备。外部设备包括:下位机(PLC、仪表、模块、板卡、变频器等),它们一般通过串行口和上位机交换数据;其他 Windows 应用程序,它们之间一般通过 DDE 交换数据;外部设备还包括网络上的其他计算机。

只有在定义了外部设备之后,组态王才能通过 I/O 变量和它们交换数据。为方便定义外部设备,组态王设计了"设备配置向导",引导用户一步步完成设备的连接。

本例中使用仿真 PLC 和组态王通讯,仿真 PLC 可以模拟 PLC 为组态王提供数据,假设仿真 PLC 连接在计算机的 COM1 口。

继续上节的工程。选择工程浏览器左侧大纲项"设备\COM1",在工程浏览器右侧用鼠标左键双击"新建"图标,运行"设备配置向导",如图 1-9 所示。

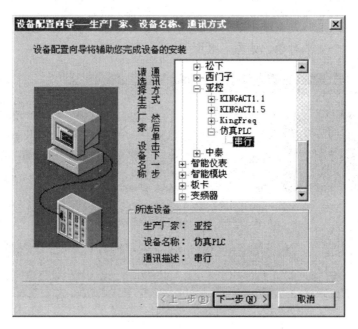

图 1-9 设备配置向导一

选择"仿真 PLC"的"串行"项,单击"下一步",弹出"设备配置向导",如图 1-10 所示。

为外部设备取一个名称,输入 PLC,单击"下一步",弹出"设备配置向导",如图 1-11 所示。

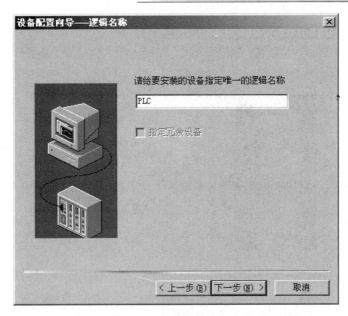

图 1-10 设备配置向导二

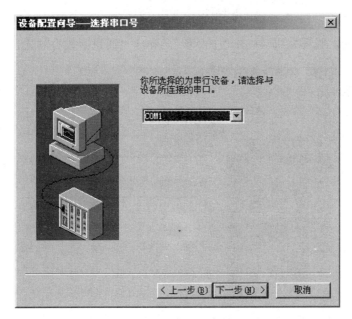

图 1-11 设备配置向导三

为设备选择连接串口,假设为 COM1,单击"下一步",弹出"设备配置向导",如图 1-12 所示。

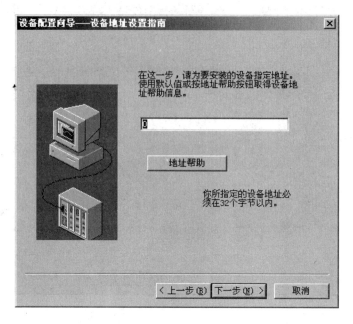

图 1-12 设备配置向导四

填写设备地址,假设为 0,单击"下一步",弹出"通讯参数",如图 1-13 所示。

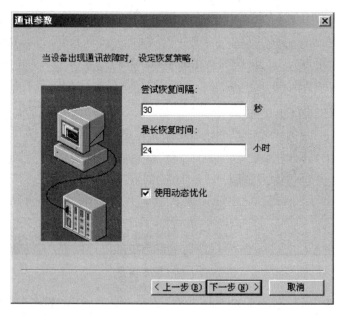

图 1-13 设备配置向导五

设置通讯故障恢复参数（一般情况下使用系统默认设置即可），单击"下一步"，弹出"设备配置向导"，如图1-14所示。

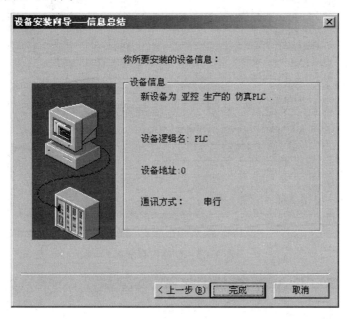

图1-14　设备配置向导六

请检查各项设置是否正确，确认无误后，单击"完成"。

设备定义完成后，可以在工程浏览器的右侧看到新建的外部设备"PLC"。在定义数据库变量时，只要把I/O变量连接到这台设备上，它就可以和组态王交换数据了。

4）构造数据库

数据库是"组态王"软件的核心部分，工业现场的生产状况要以动画的形式反映在屏幕上，操作者在计算机前发布的指令也要迅速送达生产现场，所有这一切都是以实时数据库为中介环节，所以说数据库是联系上位机和下位机的桥梁。在TouchVew运行时，它含有全部数据变量的当前值。变量在画面制作系统组态王画面开发系统中定义，定义时要指定变量名和变量类型，某些类型的变量还需要一些附加信息。数据库中变量的集合形象地称为"数据词典"，数据词典记录了所有用户可使用的数据变量的详细信息。

继续上节的工程。选择工程浏览器左侧大纲项"数据库\数据词典"，在工程浏览器右侧用鼠标左键双击"新建"图标，弹出"定义变量"对话框如图1-15所示。

此对话框可以对数据变量完成定义、修改等操作，以及数据库的管理工作。在"变量名"处输入变量名，如：a；在"变量类型"处选择变量类型如：内存实数，其他属性目前不用更改，单击"确定"即可。下面继续定义一个I/O变量，如图1-16所示。

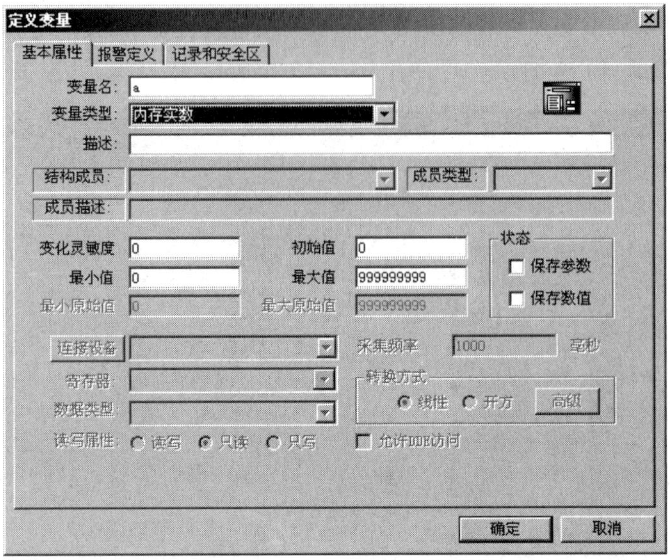

图 1-15 创建内存变量

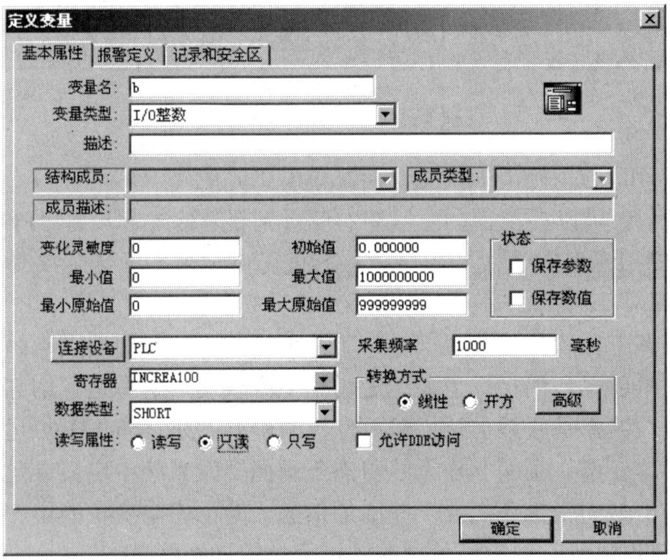

图 1-16 创建 I/O 变量

在"变量名"处输入变量名,如:b;在"变量类型"处选择变量类型如:I/O 整数;在"连接设备"中选择先前定义好的 I/O 设备:PLC;在"寄存器"中定义为:INCREA100;在"数据类型"中定义为:SHORT 类型。其他属性目前不用更改,单击"确定"即可。

5)建立动画连接

定义动画连接是指在画面的图形对象与数据库的数据变量之间建立一种关系，当变量的值改变时，在画面上以图形对象的动画效果表示出来；或者由软件使用者通过图形对象改变数据变量的值。"组态王"提供了 21 种动画连接方式。

一个图形对象可以同时定义多个连接，组合成复杂的效果，以便满足实际中任意的动画显示需要。

继续上节的工程。双击图形对象——即矩形，可弹出"动画连接"对话框，如图 1-17 所示。

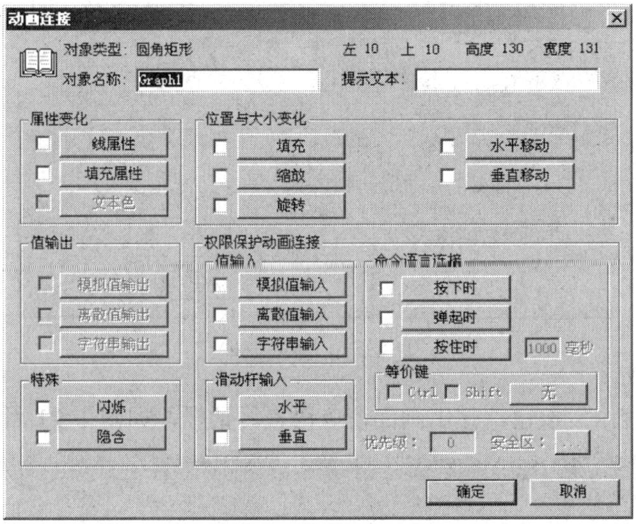

图 1-17 动画连接

用鼠标单击"填充"按钮，弹出对话框如图 1-18 所示。

在"表达式"处输入"a"，"缺省填充刷"的颜色改为黄色，其余属性目前不用更改，如图 1-19 所示。

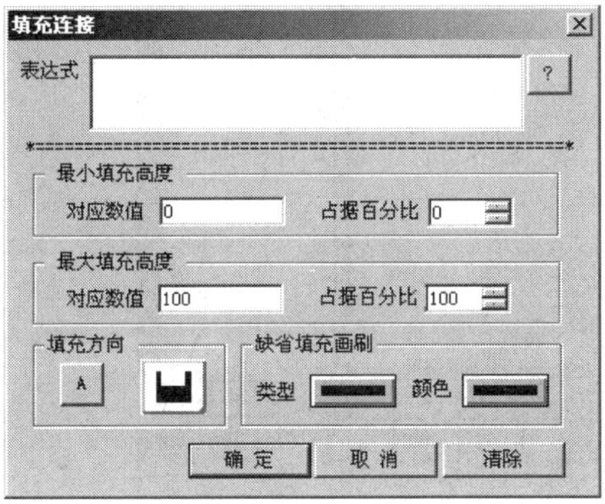

图 1-18 填充属性　　　　　　　　图 1-19 更改填充属性

单击"确定",再单击"确定"返回组态王开发系统。为了让矩形动起来,需要使变量 a 能够动态变化,选择"编辑\画面属性"菜单命令,弹出对话框如图 1-20 所示。

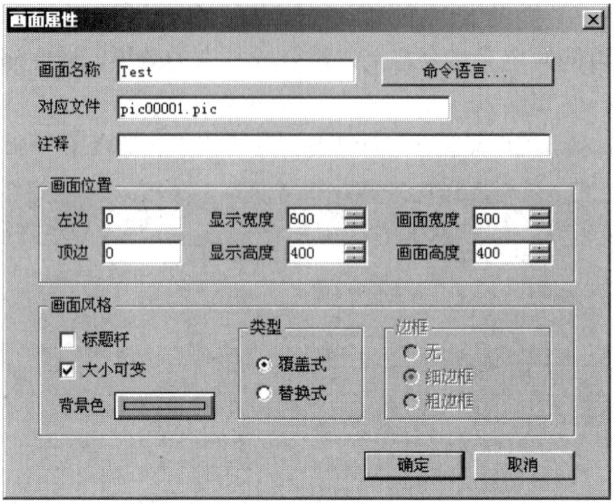

图 1-20  画面属性

单击"命令语言…"按钮,弹出画面命令语言对话框,如图 1-21 所示。

图 1-21  画面命令语言

在编辑框处输入命令语言：
```
if(a<100)
    a=a+10;
else
    a=0;
```
可将"每3 000毫秒"改为"每500毫秒"，此为画面执行命令语言的执行周期。单击"确认"，及"确定"回到开发系统。

双击文本对象"####"，可弹出"动画连接"对话框，如图1-22所示。

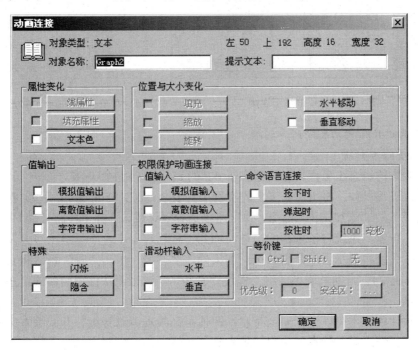

图1-22　动画连接

用鼠标单击"模拟值输出"按钮，弹出对话框如图1-23所示。

在"表达式"处输入"b"，其余属性目前不用更改。单击"确定"，再单击"确定"返回组态王开发系统。

选择"文件\全部存"菜单命令。

6）运行和调试

组态王工程已经初步建立起来，进入到运行和调试阶段。在组态王开发系统中选择"文件\切换到 View"菜单命令，进入组态王运行系统。在运行系统中选择"画面\打开"命令，从"打开画面"窗口选择"Test"画面。显示出组态王运行系统画面，即可看到矩形框和文本在动态变化,如图 1–24 所示。

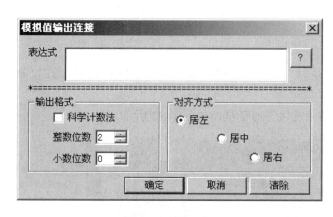

图 1–23　模拟值输出连接　　　　　图 1–24　运行系统画面

5. 组态王的升级和动态分辨率转换

1）组态王版本升级

升级旧版本的组态王工程,如将组态王 6.0 的 kingdemo 进行升级。

打开已有工程（如：将组态王 6.0 的实例工程安装在 C：\kingdemo 下）。在组态王工程管理器中选择"文件\添加工程"命令,弹出路径选择对话框,选择工程路径为 C：\kingdemo,单击"确定"按钮,系统将该工程的信息添加到工程管理器中,然后单击"开发"按钮,进入开发系统,系统将提示用户是否升级。如果确定要升级,单击"是"系统将自动完成版本升级。如果单击"否",则系统不会将工程进行升级,同时也无法使用当前的组态王版本打开旧版本工程。

组态王软件各版本可以进行向上兼容。即使用高版本可以升级打开低版本工程,低版本工程一旦升级打开之后,就不能使用低版本软件打开。因此用户在升级工程之前要做好工程备份。

2）组态王动态分辨率转换

组态王画面图形对象显示的大小与做工程时所用计算机的分辨率有关,在不同的分辨率下对象的显示情况不相同。为了将不同分辨率的工程显示的更加完美,组态王提供动态分辨率转换功能。

将一个在分辨率为 1 024*768 的计算机下做的工程（工程名为 Demo）拷贝到分辨率为 800*600 的计算机上（或者修改计算机的分辨率）。在列表中"分辨率"一栏中显示的分辨率为 1 024*768,如图 1–25 所示。

双击蓝色信息条或单击"开发"按钮或选择菜单"工具\切换到开发系统",进入组态王的开发系统。系统将弹出提示询问用户是否进行分辨率的转换，如图 1-26 所示。

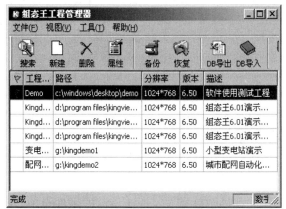

图 1-25　工程管理器分辨率显示

图 1-26　是否进行分辨率转换对话框

单击"否"按钮，则不会进行分辨率转换，而是直接进入组态王开发系统，画面中的图形对象将会按照 1 024*768 时的状态进行显示；单击"是"按钮，则系统自动进行分辨率转换，转换结束后，画面中的图形对象将会按照比例进行缩放，使图形显示合理。

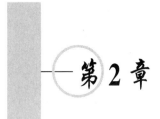

# 第 2 章

# I/O 设备管理

组态王软件系统与最终工程人员使用的具体的现场部件有关。对于不同的硬件设施，只需为组态王配置相应的通讯驱动程序即可。组态王支持的硬件设备包括：可编程控制器（PLC）、智能模块、板卡、智能仪表、变频器等等。

## 2.1 设备管理

组态王采用工程浏览器界面来管理硬件设备，已配置好的设备统一列在工程浏览器界面下的设备分支，如图 2-1 所示。

图 2-1 I/O 设备配置

1. 组态王逻辑设备概念

组态王对设备的管理是通过对逻辑设备名的管理实现的,具体讲就是每一个实际 I/O 设备都必须在组态王中指定一个唯一的逻辑名称,此逻辑设备名就对应着该 I/O 设备的生产厂家、实际设备名称、设备通讯方式、设备地址、与上位 PC 机的通讯方式等信息内容。在组态王中,具体 I/O 设备与逻辑设备名是一一对应的,有一个 I/O 设备就必须指定一个唯一的逻辑设备名,特别是设备型号完全相同的多台 I/O 设备,也要指定不同的逻辑设备名。组态王中变量、逻辑设备与实际设备对应的关系如图 2-2 所示。

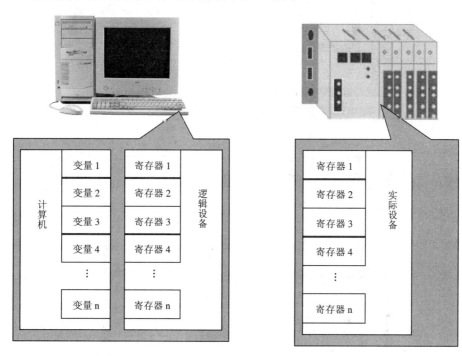

图 2-2 变量、逻辑设备与实际设备的对应关系

设有两台型号为三菱公司 FX2-60MR PLC 的下位机控制工业生产现场,同时这两台 PLC 均要与装有组态王的上位机通讯,则必须给两台 FX2-60MR PLC 指定不同的逻辑名,如图 2-3 所示。

其中 PLC1 和 PLC2 是由组态王定义的逻辑设备名(此名由工程人员自己确定),而不一定是实际的设备名称。

另外,组态王中的 I/O 变量与具体 I/O 设备的数据交换就是通过逻辑设备名来实现的,当工程人员在组态王中定义 I/O 变量属性时,就要指定与该 I/O 变量进行数据交换的逻辑设备名,I/O 变量与逻辑设备名之间的关系如图 2-4 所示。

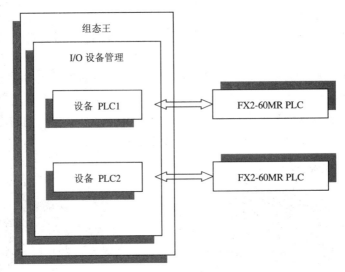

图 2-3　逻辑设备与实际设备示例

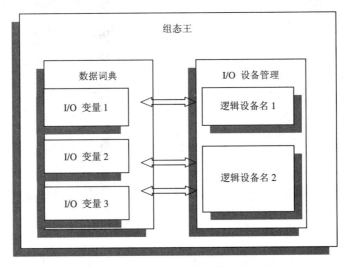

图 2-4　变量与逻辑设备间的对应关系

**2. 组态王逻辑设备的分类**

组态王设备管理中的逻辑设备分为 DDE 设备、板卡类设备（即总线型设备）、串口类设备、人机界面卡和网络模块，工程人员根据自己的实际情况通过组态王的设备管理功能来配置定义这些逻辑设备，下面分别介绍这五种逻辑设备。

1）DDE 设备

DDE 设备是指与组态王进行 DDE 数据交换的 Windows 独立应用程序。因此，DDE 设备通常就代表了一个 Windows 独立应用程序，该独立应用程序的扩展名通常为.EXE 文件，组态王与 DDE 设备之间通过 DDE 协议交换数据，如：EXCEL 是 Windows 的独立应用程序，当 EXCEL 与组态王交换数据时，就是采用 DDE 的通讯方式进行。

2）板卡类设备

板卡类逻辑设备实际上是组态王内嵌的板卡驱动程序的逻辑名称。内嵌的板卡驱动程序不是一个独立的 Windows 应用程序，而是以 DLL 形式供组态王调用，这种内嵌的板卡驱动程序对应着实际插入计算机总线扩展槽中的 I/O 设备，因此，一个板卡逻辑设备也就代表了一个实际插入计算机总线扩展槽中的 I/O 板卡。

3）串口类设备

串口类逻辑设备实际上是组态王内嵌的串口驱动程序的逻辑名称。内嵌的串口驱动程序不是一个独立的 Windows 应用程序，而是以 DLL 形式供组态王调用，这种内嵌的串口驱动程序对应着实际与计算机串口相连的 I/O 设备，因此，一个串口逻辑设备也就代表了一个实际与计算机串口相连的 I/O 设备。

4）人机界面卡

人机界面卡又可称为高速通讯卡，它既不同于板卡，也不同于串口通讯，它往往由硬件厂商提供。通过人机界面卡可以使设备与计算机进行高速通讯，这样不占用计算机本身所带 RS232 串口，因为这种人机界面卡一般插在计算机的 ISA 板槽上。

5）网络模块

组态王利用以太网和 TCP/IP 协议可以与专用的网络通讯模块进行连接。

3．定义 I/O 设备

在了解了组态王逻辑设备的概念后，工程人员可以轻松地在组态王中定义所需的设备了。进行 I/O 设备的配置时将弹出相应的配置向导页，使用这些配置向导页可以方便快捷地添加、配置、修改硬件设备。组态王提供大量不同类型的驱动程序，工程人员根据自己实际安装的 I/O 设备选择相应的驱动程序即可，下面我们以定义串口类设备为例进行说明。工程人员根据设备配置向导就可以完成串口设备的配置，组态王最多支持 128 个串口。操作步骤如下：

（1）在工程浏览器的目录显示区，用鼠标左键单击大纲项设备下的成员 COM1 或 COM2，则在目录内容显示区出现"新建"图标，如图 2–5 所示。

选中"新建"图标后用左键双击，弹出"设备配置向导"对话框；或者用右键单击，则弹出浮动式菜单，选择菜单命令"新建逻辑设备"，也弹出"设备配置向导"对话框，如图 2–6 所示。

工程人员从树形设备列表区中可选择 PLC、智能仪表、智能模块、板卡、变频器等节点中的一个。然后选择要配置串口设备的生产厂家、设备名称、通讯方式；PLC、智能仪表、智能模块、变频器等设备通常与计算机的串口相连进行数据通讯。

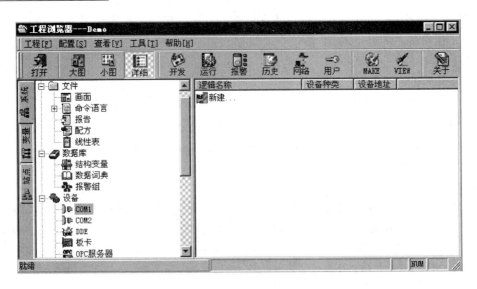

图 2-5 新建串口设备

图 2-6 设备配置向导

（2）单击"下一步"按钮，则弹出如下设备配置向导——"设备逻辑名称"对话框，如图 2-7 所示。

图 2-7 设备逻辑名称

工程人员给要配置的串口设备指定一个逻辑名称。单击"上一步"按钮,则可返回上一个对话框。

(3)继续单击"下一步"按钮,则弹出如下设备配置向导——"选择串口号"对话框,如图 2-8 所示。

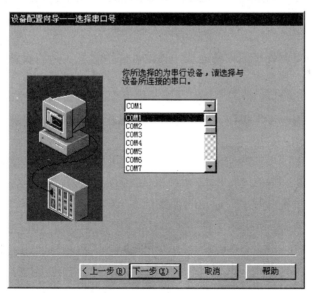

图 2-8 选择设备连接的串口

工程人员为配置的串行设备指定与计算机相连的串口号,该下拉式串口列表框共有 128 个串口号供工程人员选择。

(4)继续单击"下一步"按钮,则弹出如下设备配置向导——"设备地址设置"对话框,如图 2-9 所示。

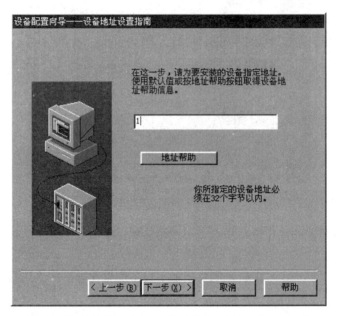

图 2-9 填入 PLC 设备地址

工程人员要为串口设备指定设备地址,该地址应该对应实际的设备定义的地址,具体请参见组态王设备帮助。若要修改串口设备的逻辑名称,单击"上一步"按钮,则可返回上一个对话框。

(5)继续单击"下一步"按钮,则弹出如下设备配置向导——"通讯参数"对话框,如图 2-10 所示。

(6)继续单击"下一步"按钮,则弹出如下设备配置向导——"信息总结"对话框,如图 2-11 所示。

对于不同的串口设备,其串口通讯的参数是不一样的,如波特率、数据位、校验位等。所以在定义完设备之后,还需要对计算机通讯时串口的参数进行设置。如上节中定义设备时,选择了 COM1 口,则在工程浏览器的目录显示区,选择"设备",双击"COM1"图标,弹出"设置串口—COM1"对话框,如图 2-12 所示。

在"通讯参数"栏中,选择设备对应的波特率、数据位、校验类型、停止位等,这些参数的选择可以参考组态王的相关设备帮助或按照设备中通讯参数的配置。"通讯超时"为默认值，除非特殊说明，一般不需要修改。"通讯方式"是指计算机一侧串口的通讯方式，是 RS232 或 RS485，一般计算机一侧都为 RS232，按实际情况选择相应的类型即可。

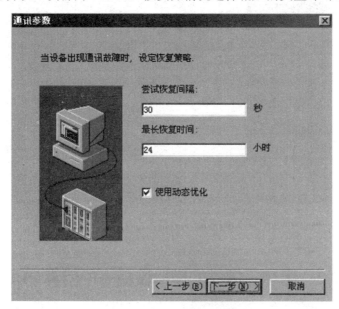

图 2-10 填入通讯参数

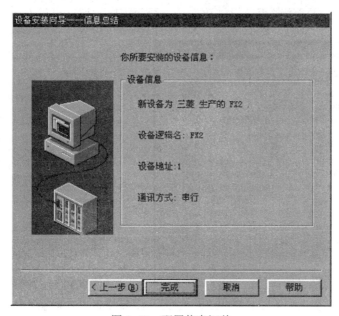

图 2-11 配置信息汇总

图 2-12 设置串口参数

## 2.2 组态王提供的模拟设备——仿真 PLC

程序在实际运行中是通过 I/O 设备和下位机交换数据的,当程序在调试时,可以使用仿真 I/O 设备模拟下位机向画面程序提供数据,为画面程序的调试提供方便。

图 2-13 设备配置向导

组态王提供一个仿真 PLC 设备,用来模拟实际设备向程序提供数据,供用户调试。

1. 仿真 PLC 的定义

在使用仿真 PLC 设备前,首先要定义它,实际 PLC 设备都是通过计算机的串口向组态王提供数据,所以仿真 PLC 设备也是模拟安装到串口 COM 上。亚控仿真 PLC 设备配置如图 2-13 所示,定义过程和步骤与上节定义串口设备完全一样。

2. 仿真 PLC 的寄存器

仿真 PLC 提供五种类型的内部寄存器变量 INCREA、DECREA、RADOM、STATIC、CommErr,而 INCREA、

DECREA、RADOM、STATIC 寄存器变量的编号从 1~1 000，变量的数据类型均为整型（即 INT），对这五类寄存器变量分别介绍如下：

1）自动加 1 寄存器 INCREA

该寄存器变量的最大变化范围是 0~1 000，寄存器变量的编号原则是在寄存器名后加上整数值，此整数值同时表示该寄存器变量的递增变化范围，例如，INCREA100 表示该寄存器变量从 0 开始自动加 1，其变化范围是 0~100。

2）自动减 1 寄存器 DECREA

该寄存器变量的最大变化范围是 0~1 000，寄存器变量的编号原则是在寄存器名后加上整数值，此整数值同时表示该寄存器变量的递减变化范围，例如，DECREA100 表示该寄存器变量从 100 开始自动减 1，其变化范围是 0~100。

3）静态寄存器 STATIC

该寄存器变量是一个静态变量，可保存用户下发的数据，当用户写入数据后就保存下来，并可供用户读出，直到用户再一次写入新的数据，此寄存器变量的编号原则是在寄存器名后加上整数值，此整数值同时表示该寄存器变量能存储的最大数据范围，例如，STATIC100 表示该寄存器变量能接收 0~100 中的任意一个整数。

4）随机寄存器 RADOM

该寄存器变量的值是一个随机值，可供用户读出，此变量是一个只读型，用户写入的数据无效，此寄存器变量的编号原则是在寄存器名后加上整数值，此整数值同时表示该寄存器变量产生数据的最大范围。例如，RADOM100 表示随机值的范围是 0~100。

5）CommErr 寄存器

该寄存器变量为可读写的离散变量，用来表示组态王与设备之间的通讯状态。CommErr=0 表示通讯正常；CommErr=1 表示通讯故障。用户通过控制 CommErr 寄存器状态来控制运行系统与仿真 PLC 通讯，将 CommErr 寄存器置为打开状态时中断通讯，置为关闭状态后恢复运行系统与仿真 PLC 之间的通讯。

3. 仿真 PLC 使用举例

下面对常量寄存器 STATIC100 读写操作为例来说明如何使用仿真 PLC 设备。

1）仿真 PLC 的定义

仿真设备定义后的信息如图 2-14 所示。

2）定义 I/O 变量

定义一个 I/O 型变量 old_static，用于读写常量寄存器 STATIC100 中的数据。在工程浏览器中，从左边的工程目录显示区中选择大纲项数据库下的成员数据词典，然后在右边的目录内容显示区中用左键双击"新建"图标，弹出"变量属性"对话框，如图 2-15 所示。

在此对话框中，变量名定义为 old_static，变量类型为 I/O 实数，连接设备选择 simu，寄存器定为 STATIC100，寄存器的数据类型定为 INT，读写属性为读写（根据寄存器类型定义），其他的定义见对话框，单击"确定"按钮，则 old_static 变量定义结束。

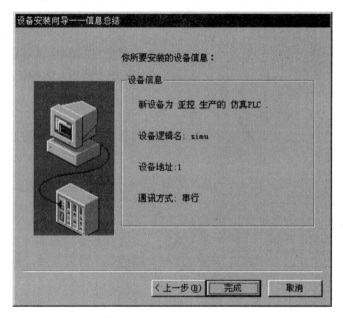

图 2-14　设备信息

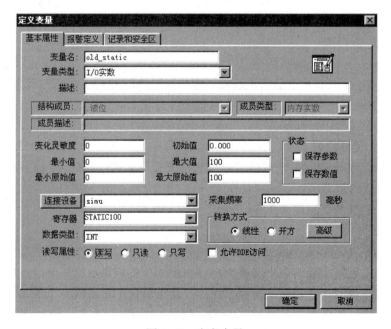

图 2-15　定义变量

3）制作画面

在工程浏览器中，单击菜单命令"工程\切换到 Make"，进入到组态王开发系统，制作的画面如图 2-16 所示，对读数据和写数据的两个输出文本串"###"分别进行动画连接。

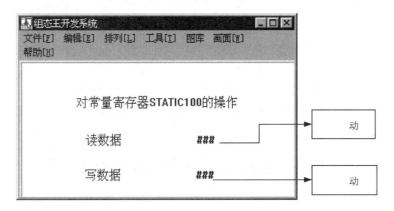

图 2-16　定义动画连接

其中写数据的输出文本串"###"要进行"模拟值输入"连接，连接的表达式是变量 old_static，如图 2-17 所示。

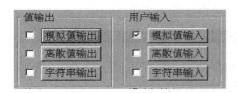 

图 2-17　模拟值输入连接对话框

读数据的输出文本串"###"要进行"模拟值输出"连接，连接的表达式是变量 old_static，方法同上，如图 2-18 所示。

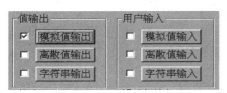 

图 2-18　模拟值输出连接对话框

4）运行画面程序

运行组态王运行程序，打开画面，运行画面如下，如图 2-19 所示。
对常量寄存器 STATIC100 写入数据 80，则可看到读出的数据值也是 80。

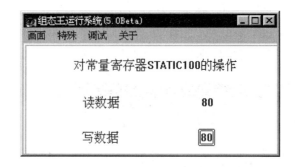

图 2-19 寄存器 STATIC100 测试画面

## 2.3 组态王提供的通讯的其他特殊功能

1. 开发环境下的设备通讯测试

为保证用户对硬件的方便使用,在完成设备配置与连接后,用户在组态王开发环境中即可以对硬件进行测试。对于测试的寄存器可以直接将其加入到变量列表中。当用户选择某设备后,单击鼠标右键弹出浮动式菜单,除 DDE 外的设备均有菜单项"测试设备名"。如定义亚控仿真 PLC 设备,在设备名称上单击右键,弹出快捷菜单,如图 2-20 所示。

图 2-20 硬件设备测试

使用设备测试时,点击"测试…"对于不同类型的硬件设备将弹出不同的对话框,如:对于串口通讯设备将弹出如图 2-21 所示的对话框。

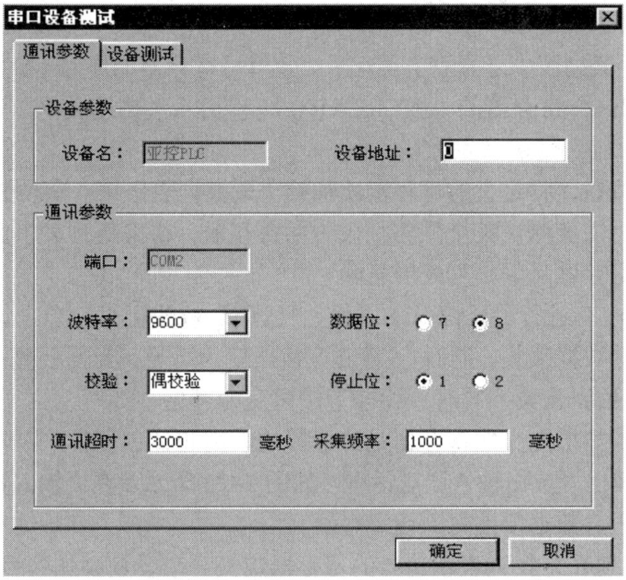

# 第2章 I/O设备管理

图 2-21　串口设备测试——通讯参数属性页

对话框共分为两个属性页：通讯参数和设备测试。"通讯参数"属性页中主要定义设备连接的串口的参数、设备的定义等，设备测试页如图 2-22 所示。这些参数的选择请参照组态王设备帮助。

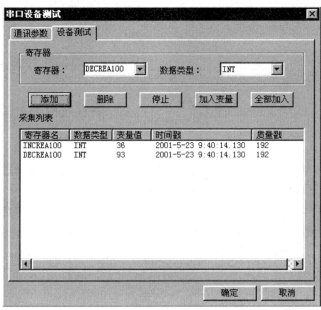

图 2-22　串口设备测试——设备测试属性页

选择要进行通讯测试的设备的寄存器。

寄存器：从寄存器列表中选择寄存器名称，并填写寄存器的序号（参见组态王设备帮助）。如本例中的"INCREA"寄存器的"INCREA100"。然后从"数据类型"列表框中选择寄存器的数据类型。

添加：单击该按钮，将定义的寄存器添加到"采集列表"中，等待采集。

删除：如果不再需要测试某个采集列表中的寄存器，在采集列表中选择该寄存器，单击该按钮，将选择的寄存器从采集列表中删除。

读取/停止：当没有进行通讯测试的时候，"读取"按钮可见，单击该按钮，对采集列表中定义的寄存器进行数据采集。同时，"停止"按钮变为可见。当需要停止通讯测试时，单击"停止"按钮，停止数据采集，同时"读取"按钮变为可见。

向寄存器赋值：如果定义的寄存器是可读写的，则测试过程中，在"采集列表"中双击该寄存器的名称，弹出"数据输入"对话框，如图2–23所示。在"输入数据"编辑框中输入数据，单击确定按钮，数据便被写入该寄存器。

加入变量：将当前在采集列表中选择的寄存器定义一个变量添加到组态王的数据词典中。单击该按钮，弹出变量名称对话框，如图2–24所示。

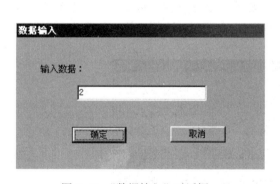
图2–23 "数据输入"对话框

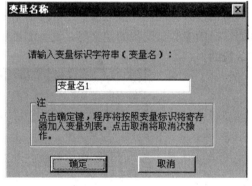
图2–24 加入变量——输入变量名称

在编辑框中输入该寄存器所对应的变量名称，单击"确定"，该变量便加入到了组态王的变量列表中，连接设备和寄存器为当前的设备和寄存器。

全部加入：将当前采集列表中的所有寄存器按照给定的第一个变量名称全部增加到组态王的变量列表中，各个变量的变量名称为定义的第一个变量名称后增加序号。如定义的第一个变量名称为"变量"，则以后的变量依次为"变量1"、"变量2"等等。

采集列表：采集列表主要为显示定义的通讯测试的寄存器，以及进行通讯时显示采集的数据、数据的时间戳、质量戳等。

开发环境下的设备通讯测试，使用户很方便的就可以了解设备的通讯能力，而不必先定义很多的变量和做一大堆的动画连接,省去了很多工作,而且也方便了变量的定义。

值得注意的是,可以进行设备测试的有串口类设备、板卡类设备和 OPC 类设备。其他如 DDE、一些特殊通讯卡等都暂不支持该功能。

2. 在运行系统中判断和控制设备通讯状态

组态王的驱动程序(除 DDE 外)为每一个设备都定义了 CommErr 寄存器,该寄存器表征设备通讯的状态,是故障状态还是正常。另外用户还可以通过修改该寄存器的值控制设备通讯的通断。

在使用该功能之前,应该先为该寄存器定义一个 I/O 离散型变量,变量为读写型。当该变量的值为 0 或被置为 0 时,表示通讯正常或恢复通讯。当变量的值为 1 或被置为 1 时,表示通讯出现故障或暂停通讯。

另外,当某个设备通讯出现故障时,画面上与故障设备相关联的 I/O 变量的数值输出显示都变为"???"号,表示出现了通讯故障。当通讯恢复正常后,该符号消失,恢复为正常数据显示。

3. 使用 MODEM 对设备进行远程拨号采集数据

组态王支持对标准 232 串口通讯的设备用 MODEM 拨号进行访问的方式。

1)拨号设置

选择组态王工程浏览器的大纲项"设备",选择 MODEM 所连接的串口标识,如"COM2",双击"COM2",弹出串口设置对话框,如图 2-25 所示。

图 2-25 串口设置

通讯参数:设置进行串口通讯时,串口的通讯波特率、检验方式、数据位、停止位、设备与计算机的通讯方式等。该项设置用于任何一个串口通讯的设备。

**Modem**：选择该项，则该串口为拨号访问设备方式。主 Modem AT 控制字：设置与 PC 连接的 Modem 的控制字。系统启动时，先将该控制字写入主 Modem。从 Modem AT 控制字：设置与设备连接的 Modem 的控制字。

建议用户使用专门的软件（如 Windows 的超级终端）按照 Modem 使用说明在系统运行前对各个 Modem 进行控制字设置。所以用户可以不设置这两项。

设置完成后，单击"确定"按钮返回。则在组态王设备列表中出现一个 Modem 设备，如图 2-26 所示。

图 2-26 定义 Modem 设备

2）设备拨号使用

（1）建立 Modem 变量。对于 Modem 设备有四个寄存器：

① IPC：控制拨号通断寄存器。

数据类型：INT 型，可读写

数值标识：1—开始拨号； 99—挂断

② IPS：拨通状态寄存器。

数据类型：INT 型，只读

数值标识：0—未拨通；1—拨通

③ IPN：用户所要拨的电话号码。

数据类型：字符串型，可读写

④ CommErr：表示设备通讯状态，并可控制设备通讯状态。

数据类型：Bit，离散型，可读写

数值标识：0—通讯正常，或允许通讯；1—通讯故障，或暂停设备通讯

（2）Modem 拨号的使用方法。

在组态王中定义数据采集设备，如"亚控 PLC"，其连接的串口为 COM2 口，定义相应的 I/O 数据采集的变量，然后定义设备"亚控 PLC"的"CommErr"寄存器变量，如"PLCCerr"，设置其初始值为"开"。

因为系统启动时，会自动启动各个连接的设备，数据采集设备"亚控 PLC"没有直接连接在 PC 上，所以一般会出现设备连接错误，所以在定义数据采集设备"亚控 PLC"的"CommErr"寄存器变量时，应设置其初始值为"开"，即暂停设备。

系统启动后，用户输入电话号码（变量 IPN1），然后进行拨号，当拨号拨通时，即 IPS1 的值为 1 时，设置 Modem 的 CommErr 寄存器（变量 Cerr1）的值为 1，即暂停 Modem 设备。然后设置数据采集设备的 CommErr 寄存器（变量 PLCCerr）的值为 0，即恢复该设备，进行数据采集。当数据采集完成后，可以先暂停数据采集设备，然后恢复 Modem 设备的通讯，然后挂断。

对设备进行 Modem 拨号数据采集在很大程度上方便了用户进行远程调试、监控和数据采集。但用户须慎用：Modem 拨号只适用于简单的标准的 232 串口通讯设备，对于如 232C 链路、电流环等特殊 232 串口设备不支持。

# 第3章

# 变量定义和管理

数据库是"组态王"最核心的部分。在组态王运行时,工业现场的生产状况要以动画的形式反映在屏幕上,同时工程人员在计算机前发布的指令也要迅速送达生产现场,所有这一切都是以实时数据库为中介环节,数据库是联系上位机和下位机的桥梁。在数据库中存放的是变量的当前值,变量包括系统变量和用户定义的变量。变量的集合形象地称为"数据词典",数据词典记录了所有用户可使用的数据变量的详细信息。

## 3.1 变量的类型

组态王系统中定义的变量与一般程序设计语言,比如 BASIC、PASCAL、C 语言,定义的变量有很大的不同,既能满足程序设计的一般需要,又考虑到工控软件的特殊需要。

1. 基本变量类型

变量的基本类型共有两类:I/O 变量、内存变量。I/O 变量是指可与外部数据采集程序直接进行数据交换的变量,如下位机数据采集设备(如 PLC、仪表等)或其他应用程序(如 DDE、OPC 服务器等)。这种数据交换是双向的、动态的,就是说:在"组态王"系统运行过程中,每当 I/O 变量的值改变时,该值就会自动写入下位机或其他应用程序;每当下位机或应用程序中的值改变时,"组态王"系统中的变量值也会自动更新。所以,那些从下位机采集来的数据、发送给下位机的指令,比如"反应罐液位"、"电源开关"等变量,都需要设置成"I/O 变量"。

内存变量是指那些不需要和其他应用程序交换数据、也不需要从下位机得到数据、只在"组态王"内需要的变量,比如计算过程的中间变量,就可以设置成"内存变量"。

2. 变量的数据类型

组态王中变量的数据类型与一般程序设计语言中的变量比较类似,主要有以下几种:

1) 实型变量

类似一般程序设计语言中的浮点型变量，用于表示浮点（float）型数据，取值范围 10E–38～10E+38，有效值 7 位。

2）离散变量

类似一般程序设计语言中的布尔（BOOL）变量，只有 0，1 两种取值，用于表示一些开关量。

3）字符串型变量

类似一般程序设计语言中的字符串变量，可用于记录一些有特定含义的字符串，如名称、密码等，该类型变量可以进行比较运算和赋值运算。字符串长度最大值为 128 个字符。

4）整数变量

类似一般程序设计语言中的有符号长整数型变量，用于表示带符号的整型数据，取值范围（–2 147 483 648）～2 147 483 647。

5）结构变量

当组态王工程中定义了结构变量时，在变量类型的下拉列表框中会自动列出已定义的结构变量，一个结构变量作为一种变量类型，结构变量下可包含多个成员，每一个成员就是一个基本变量，成员类型可以为：内存离散、内存整型、内存实型、内存字符串、I/O 离散、I/O 整型、I/O 实型、I/O 字符串。

3. 特殊变量类型

特殊变量类型有报警窗口变量、历史趋势曲线变量、系统预设变量三种。这几种特殊类型的变量正是体现了"组态王"系统面向工控软件、自动生成人机接口的特色。

1）报警窗口变量

这是工程人员在制作画面时通过定义报警窗口生成的，在报警窗口定义对话框中有一选项为："报警窗口名"，工程人员在此处键入的内容即为报警窗口变量。此变量在数据词典中是找不到的，是组态王内部定义的特殊变量。可用命令语言编制程序来设置或改变报警窗口的一些特性，如改变报警组名或优先级，在窗口内上下翻页等。

2）历史趋势曲线变量

这是工程人员在制作画面时通过定义历史趋势曲线时生成的，在历史趋势曲线定义对话框中有一选项为："历史趋势曲线名"，工程人员在此处键入的内容即为历史趋势曲线变量（区分大小写）。此变量在数据词典中是找不到的，是组态王内部定义的特殊变量。工程人员可用命令语言编制程序来设置或改变历史趋势曲线的一些特性，如改变历史趋势曲线的起始时间或显示的时间长度等。

3）系统预设变量

预设变量中有 8 个时间变量是系统已经在数据库中定义的，用户可以直接使用：

$年：返回系统当前日期的年份。

$月：返回 1～12 之间的整数，表示一年之中的某一月。

$日：返回 1~31 之间的整数，表示一月之中的某一天。

$时：返回 0~23 之间的整数，表示一天之中的某一钟点。

$分：返回 0~59 之间的整数，表示一小时之中的某分钟。

$秒：返回 0~59 之间的整数，表示一分钟之中的某一秒。

$日期：返回系统当前日期。

$时间：返回系统当前时间。

以上变量由系统自动更新，工程人员只能读取时间变量，而不能改变它们的值。

预设变量还有：

$用户名：在程序运行时记录当前登录的用户的名字。

$访问权限：在程序运行时记录当前登录的用户的访问权限。

$启动历史记录：表明历史记录是否启动（1=启动；0=未启动）。

$启动报警记录：表明报警记录是否启动（1=启动；0=未启动）。

$新报警：每当报警发生时，"$新报警"被系统自动设置为 1。由工程人员负责把该值恢复到 0。

$启动后台命令：表明后台命令是否启动（1=启动；0=未启动）。

$双机热备状态：表明双机热备中计算机的所处状态。

$毫秒：返回当前系统的毫秒数。

$网络状态：用户通过引用网络上计算机的$网络状态的变量得到网络通讯的状态。

## 3.2 基本变量的定义

内存离散、内存实型、内存长整数、内存字符串、I/O 离散、I/O 实型、I/O 长整数、I/O 字符串，这八种基本类型的变量是通过"变量属性"对话框定义的，同时在"变量属性"对话框的属性卡片中设置它们的部分属性。

在工程浏览器中左边的目录树中选择"数据词典"项，右侧的内容显示区会显示当前工程中所定义的变量。双击"新建"图标，弹出"定义变量"属性对话框。组态王的变量属性由基本属性、报警配置、记录配置三个属性页组成。采用这种卡片式管理方式，用户只要用鼠标单击卡片顶部的属性标签，则该属性卡片有效，用户可以定义相应的属性。"变量属性"对话框如图 3-1 所示。

单击"确定"按钮，则工程人员定义的变量有效时保存新建的变量名到数据库的数据词典中。若变量名不合法，会弹出提示对话框提醒工程人员修改变量名。单击"取消"按钮，则工程人员定义的变量无效，并返回"数据词典"界面。

"变量属性"对话框的基本属性卡片中的各项用来定义变量的基本特征，各项意义解释如下：

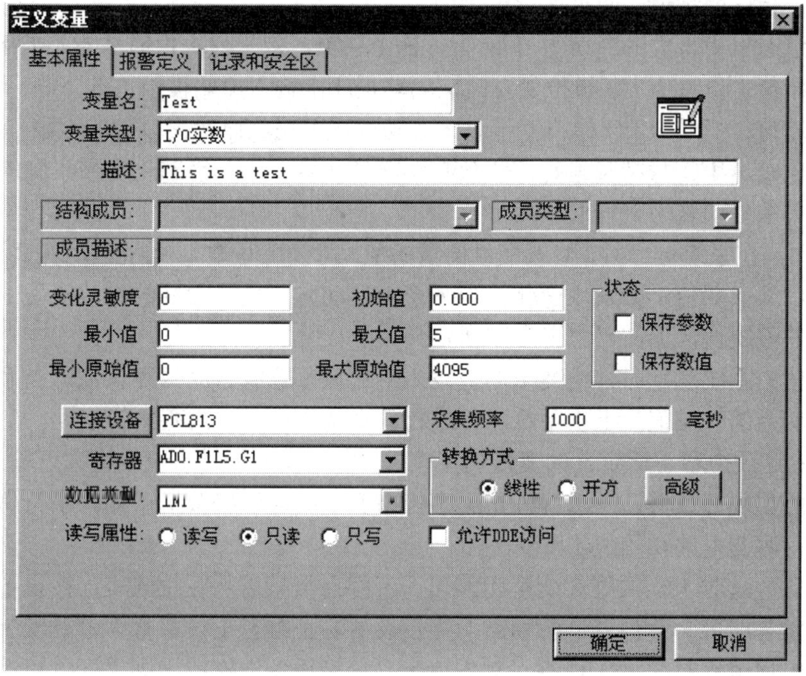

图 3-1 变量基本属性

变量名：唯一标识一个应用程序中数据变量的名字，同一应用程序中的数据变量不能重名，数据变量名区分大小写，最长不能超过 31 个字符。用鼠标单击编辑框的任何位置进入编辑状态，工程人员此时可以输入变量名字，变量名可以是汉字或英文名字，第一个字符不能是数字。例如，温度、压力、液位、var1 等均可以作为变量名。变量的名称最多为 31 个字符。

变量名命名时不能与组态王中现有的变量名、函数名、关键字、构件名称等相重复；命名的首字符只能为字符，不能为数字等非法字符，名称中间不允许有空格、算术符号等非法字符存在。名称长度不能超过 31 个字符。

变量类型：在对话框中只能定义八种基本类型中的一种，用鼠标单击变量类型下拉列表框列出可供选择的数据类型，当定义有结构模板时，一个结构模板就是一种变量类型。

描述：此编辑框用于编辑和显示数据变量的注释信息。例如若想在报警窗口中显示某变量的描述信息，可在定义变量时，在描述编辑框中加入适当说明，并在报警窗口中加上描述项，则在运行系统的报警窗口中可见该变量的描述信息，最长不超过 39 个字符。

变化灵敏度：数据类型为模拟量或长整型时此项有效。只有当该数据变量的值变化幅度超过"变化灵敏度"时，"组态王"才更新与之相连接的图素（缺省为 0）。

最小值：指该变量值在数据库中的下限。

最大值：指该变量值在数据库中的上限。

注意：组态王中最大的精度为 float 型，四个字节。定义最大值时注意不要越限。

最小原始值：变量为 I/O 模拟变量时，驱动程序中输入原始模拟值的下限。

最大原始值：变量为 I/O 模拟变量时，驱动程序中输入原始模拟值的上限。

以上四项是对 I/O 模拟量进行工程值自动转换所需要的，组态王将采集到的数据按照这四项的对应关系自动转为工程值。

保存参数：在系统运行时，修改变量的域的值（可读可写型），系统自动保存这些参数值，系统退出后，其参数值不会发生变化。当系统再启动时，变量的域的参数值为上次系统运行时最后一次的设置值，无需用户再去重新定义。

保存数值：系统运行时，当变量的值发生变化后，系统自动保存该值。当系统退出后再次运行时，变量的初始值为上次系统运行过程中变量值最后一次变化的值。

初始值：这项内容与所定义的变量类型有关，定义模拟量时出现编辑框可输入一个数值，定义离散量时出现开或关两种选择。定义字符串变量时出现编辑框可输入字符串，它们规定软件开始运行时变量的初始值。

连接设备：只对 I/O 类型的变量起作用，工程人员只需从下拉式"连接设备"列表框中选择相应的设备即可。此列表框所列出的连接设备名是组态王设备管理中已安装的逻辑设备名。用户要想使用自己的 I/O 设备，首先单击"连接设备"按钮，则"变量属性"对话框自动变成小图标出现在屏幕左下角，同时弹出"设备配置向导"对话框，工程人员根据安装向导完成相应设备的安装，当关闭"设备配置向导"对话框时，"变量属性"对话框又自动弹出；工程人员也可以直接从设备管理中定义自己的逻辑设备名。

寄存器：指定要与组态王定义的变量进行连接通讯的寄存器变量名，该寄存器与工程人员指定的连接设备有关。

转换方式：规定 I/O 模拟量输入原始值到数据库使用值的转换方式。有线性转化、开方转换、和非线性表、累计等转换方式。关于转换的具体概念和方法。

数据类型：只对 I/O 类型的变量起作用，定义变量对应的寄存器的数据类型，共有 9 种数据类型供用户使用，这 9 种数据类型分别是：

Bit：1 位；范围是：0 或 1

BYTE：8 位，1 个字节；范围是：0~255

SHORT：2 个字节；范围是：−32 768~32 767

UNSHORT：16 位，2 个字节；范围是：0~65 535

BCD：16 位，2 个字节；范围是：0~9 999

LONG：32 位，4 个字节；范围是：−999 999 999~999 999 999

LONGBCD：32 位，4 个字节；范围是：0~99 999 999

FLOAT：32 位，4 个字节；范围是：10E−38~10E38，有效位 7 位

String：128 个字符长度

各寄存器的数据类型请参见组态王的驱动帮助中相关设备的帮助。

采集频率：用于定义数据变量的采样频率。

读写属性：定义数据变量的读写属性，工程人员可根据需要定义变量为"只读"属性、"只写"属性、"读写"属性。

只读：对于进行采集的变量一般定义属性为只读，其采集频率不能为 0；

只写：对于只需要进行输出而不需要读回的变量一般定义属性为只写。

例如：特殊应用于牛顿或亚当系列模块中的看门狗功能。

读写：对于需要进行输出控制又需要读回的变量一般定义属性为读写。

允许 DDE 访问：组态王用 Com 组件编写的驱动程序与外围设备进行数据交换，为了使工程人员用其他程序对该变量进行访问，可通过选中"允许 DDE 访问"，即可与 DDE 服务程序进行数据交换，项目名为"设备名.寄存器名"。

## 3.3 I/O 变量的转换方式

对于 I/O 变量——I/O 模拟变量，在现场实际中，可能要根据输入要求的不同要将其按照不同的方式进行转换。比如一般的信号与工程值都是线性对应的，可以选择线性转换；有些需要进行累计计算，则选择累计转换。

组态王为用户提供了线性、开方、非线性表、直接累计、差值累计等多种转换方式。

1. 线性转换方式

用原始值和数据库使用值的线性插值进行转换。线性转换是将设备中的值与工程值按照固定的比例系数进行转换，如图 3–2 所示。在变量基本属性定义对话框的"最大值"、"最小值"编辑框中输入变量工程值的范围，在"最大原始值"、"最小原始值"编辑框中输入设备中转换后的数字量值的范围，则系统运行时，按照指定的量程范围进行转换，得到当前实际的工程值。线性转换方式是最直接也是最简单的一种 I/O 转换方式。

例如 PLC 电阻器连接的流量传感器在空流时产生 0 值，在满流时产生 9 999 值。如果输入如下的数值：

最小原始值=0　　　　　　最小值=0

最大原始值=9 999　　　　最大值=100

其转换比例=(100–0)/(9 999–0)=0.01

则：如果原始值为 5 000 时，内部使用的值为 5 000*0.01=50。

2. 开方转换方式

用原始值的平方根进行转换。即转换时将采集到的原始值进行开方运算，得到的值为实际工程值，该值的范围在变量基本属性定义的"最大值"、"最小值"范围内，如图 3–3 所示。

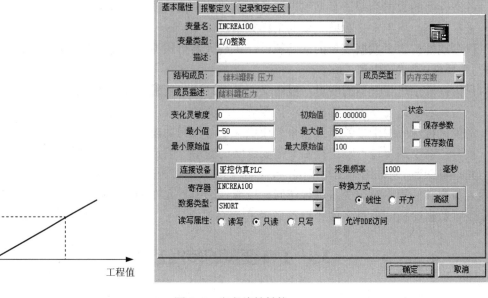

图 3-2 定义线性转换

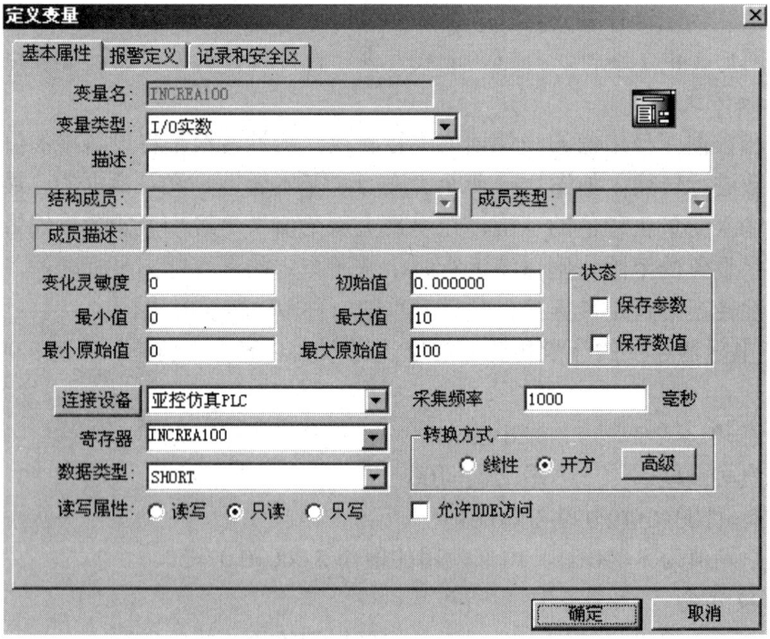

图 3-3 定义开方转换

## 3. 非线性表转换方式

在实际应用中，采集到的信号与工程值不成线性比例关系，而是一个非线性的曲线关系。如果按照线性比例计算，则得到的工程值误差将会很大，如图 3-4 所示。对一些模拟量的采集，如热电阻、热电偶等的信号为非线性信号，如果采用一般的分段线性化的方法进行转换，不但要做大量的程序运算，而且还会存在很大的误差，达不到要求。

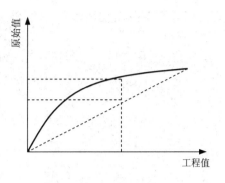

图 3-4 非线性误差

为了帮助用户得到更精确的数据，组态王中提供了非线性表。

### 1) 非线性表的定义

在组态王中引入了通用查表的方式，进行数据的非线性转换。用户可以输入数据转换标准表，组态王将采集到的数据的设备原始值和变量原始值进行了线性对应后（此处"设备原始值"是指从设备采集到的原始数据；"变量原始值"是指经过组态王的最大、最小值和最大、最小原始值转换后的值，包括开方和线性，"变量原始值"以下通称"原始值"），将通过查表得到工程值，在组态王运行系统中显示工程值或利用工程值建立动画连接。非线性表是用户先定义好的原始值和工程值一一对应的表格，当转换后的原始值在非线性表中找不到对应的项时，将按照指定的公式进行计算，公式将在后面介绍。非线性查表转换的定义分为两个步骤：

变量将按照变量定义画面中的最大值、最小值、最大原始值和最小原始值进行线性转换，即将从设备采集到的原始数据经过与组态王的初步转换。

将上述转换的结果按照非线性表进行查表转换，得到变量的工程值，用于在运行时显示、存储数据、进行动画连接等。关于非线性查表转换方式的具体使用如下：

（1）建立非线性表：在工程浏览器的目录显示区中，选中大纲项"文件"下的成员"非线性表"，双击"新建……"图标，弹出"分段线性化定义"对话框，如图3-5 所示。

表格共三列，第一列为序号，增加点时系统自动生成。第二列是原始值，该值是指从设备采集到的原始数据经过与组态王变量定义界面上的最小值、最大值、最小原始值、最大原始值转换后的值。第三列为该原始值应该对应的工程值。

非线性表名称：在此编辑框内输入非线性表名称，非线性表名称唯一，表名可以为数字或字符。

增加点：增加原始值与工程值对应的关系点数。单击该按钮后，在"线性化分段定义"显示框中将增加一行，序号自动增加，值为空白或上一行的值。用户根据数据对应关系，在表格框中写入值，即对应关系。例如，对于非线性表 liner，用户建立 10 组对应关系，如图 3-6 所示。

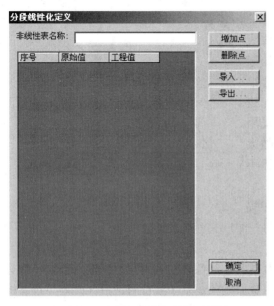 

图 3-5　分段线性化定义对话框　　　　图 3-6　定义非线性表

删除点：删除表格中不需要的线性对应关系。选中表格中需要删除行中的任意一格，单击该按钮就可删除。

（2）对变量进行线性转换定义：在数据词典中选择需要查表转换的 I/O 变量，双击该变量名称后，弹出"变量属性"对话框。在"变量定义"界面上，点击"转换方式"下的"高级"按钮，弹出"数据转换"对话框，如图 3-7 所示。默认选项为"无"，当用户需要对采集的数据进行线性转换时，请选中"查表"一项，其右边的下拉列表框和"+"按钮变为有效。

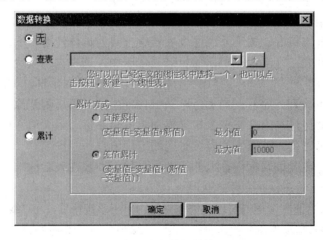

图 3-7　变量定义数据转换对话框

单击下拉列表框右边的箭头,系统会自动列出已经建好的所有非线性表,从中选取即可。如果还未建立合适的非线性表,可以单击"+"按钮,弹出"分段线性化定义"对话框,如图3–7所示,用户根据需要建立非线性表,使用方法见(1)。

运行时,变量的显示和建立动画连接都将是查表转换后的工程值。查非线性表的计算公式为:

((后工程值–前工程值)*(当前原始值–前原始值)/(后原始值–前原始值))+前工程值

例如,在建立的非线性列表中,数据对应关系为如表3–1所示。

表3–1 数据对应关系表

| 序号 | 原始值 | 工程值 |
| --- | --- | --- |
| 1 | 4 | 8 |
| 2 | 6 | 14 |

那么当原始值为5时,其工程值的计算为:

工程值=((14–8)*(5–4)/(6–4))+8,即为11,在画面中显示的该变量值为11。

2)非线性表的导入、导出

当非线性表比较庞大,分段比较多时,在组态王中直接进行定义就显得很困难。为此,组态王为用户提供了非线性表的导入、导出功能,可以将非线性表导出为.csv格式的文件;也可将用户编辑的符合格式要求的.csv格式的文件导入到当前的非线性表中来。这样方便了用户的操作。如图3–8所示,打开已经定义的非线性表,单击"导出……"按钮,弹出"保存为"对话框,选择保存路径及保存名称,单击"保存"按钮,可以将非线性表的内容保存到文件中,导出后的文件内容如图3–9所示。

用户也可以按照图3–9所示的文件格式制作非线性表,然后导入到工程中来。对于非线性表的导入有两个途径:从其他工程导入和从.csv格式的文件导入,如图3–10所示,单击"分段线性化定义"对话框上的"导入"按钮,弹出"导入非线性表"对话框,该对话框分为

图3–8 导出非线性表

两个部分，上部分为当前工程管理器中的工程列表，选择非线性表所在的工程，在"非线性表"的列表框中会列出该工程中含有的非线性表名称。选择所需的表名称，单击"导入"按钮，可以将非线性表导入到当前工程里来。

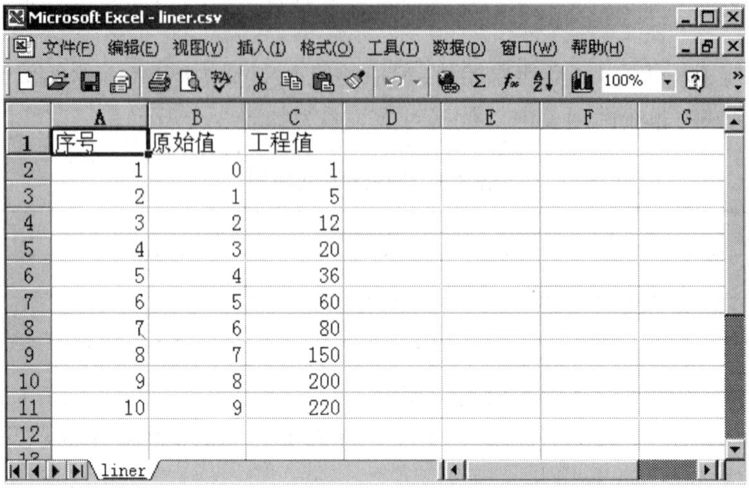

图 3-9 导出的非线性表内容

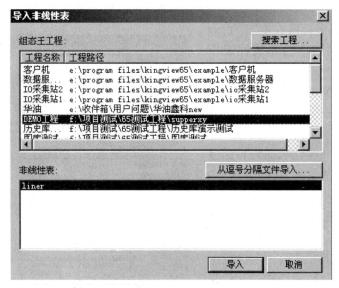

图 3-10 导入非线性表

另外也可以选择文件导入。单击"从逗号分隔文件导入"按钮，弹出文件选择对话框，选择要导入的文件即可。

总之，非线性表的导入、导出功能方便了用户对非线性表的重复利用和快速编辑，提高了工作效率。

4. 累计转换方式

累计是在工程中经常用到的一种工作方式，经常用在流量、电量等计算方面。组态王的变量可以定义为自动进行数据的累计。组态王提供两种累计算法：直接累计和差值累计。累计计算时间与变量采集频率相同，对于两种累计方式均需定义累计后的值的最大最小值范围，如图 3-11 所示。

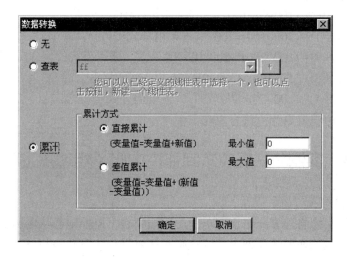

图 3-11　数据转换的累计功能定义对话框

当累计后的变量的数值超过最大值时，变量的数值将恢复为该对话框中定义的最小值。

1）直接累计

从设备采集的数值，经过线性转换后直接与该变量的原数值相加。计算公式为：

变量值=变量值+采集的数值

例如管道流量 S 的计算，采集频率为 1 000 ms，5 秒钟之内采集的数据经过线性转换后工程值依次为 S1=100、S2=200、S3=100、S4=50、S5=200，那么 5 秒钟内直接累计流量结果为：

S=S1+S2+S3+S4+S5，即为 650。

2）差值累计

变量在每次进行累计时，将变量实际采集到的数值与上次采集的数值求差值，对其差值进行累计计算。当本次采集的数值小于上次数值时，即差值为负时，将通过变量定义的画面中的最大值和最小值进行转化。

差值累计计算公式为：

显示值=显示旧值+（采集新值–采集旧值）（公式一）

当变量新值小于变量旧值时，公式为：

显示值=显示旧值+（采集新值–采集旧值）+（变量最大值–变量最小值）（公式二）

变量最大值是在变量属性定义画面最大最小值中定义的变量最大值。

例如：要求如上例，变量定义画面中定义的变量初始值为0，最大值为300。那么5秒钟之内的差值累计流量计算为：

第1次：S(1)=S(0)+ (100–0)=100 　　　（采用公式一）

第2次：S(2)=S(1)+ (200–100)=200 　　（采用公式一）

第3次：S(3)=S(2)+ (100–200)+(300–0)=400 　（采用公式二）

第4次：S(4)=S(3)+ (50–100)+(300–0)=650 　（采用公式二）

第5次：S(5)=S(4)+ (200–50)=800 　　　（采用公式一）

即5秒钟之内的差值累计流量为800。

## 3.4 实例——反应车间监控中心（组态王工程）

1. 建立新工程

从本实例开始，您将建立一个反应车间的监控中心。监控中心从现场采集生产数据，并以动画形式直观地显示在监控画面上；监控画面还将显示实时趋势和报警信息，并提供历史数据查询的功能，最后完成一个数据统计的报表。

反应车间需要采集四个现场数据（在数据字典中进行操作）：

原料油液位（变量名：原料油液位，最大值100，整型数据）

原料油罐压力（变量名：原料油罐压力，最大值100，整型数据）

催化剂液位（变量名：催化剂液位，最大值100，整型数据）

成品油液位（变量名：成品油液位，最大值100，整型数据）

1）使用工程管理器

点击"开始"——"程序"——"组态王6.5"——"组态王6.5"，启动后的工程管理窗口如图3–12所示。

2）建立新工程

（1）在工程管理器中选择"文件夹"菜单中的"新建工程"命令，或者单击工具栏的"新建"按钮，出现新建工程对话框，如图3–13所示。

（2）单击"下一步"按钮，弹出"新建工程向导之二"对话框，如图3–14所示。

（3）单击"浏览"按钮，选择新建工程的存储路径。

（4）单击"下一步"按钮，弹出"新建工程向导之三"对话框，如图3–15所示。

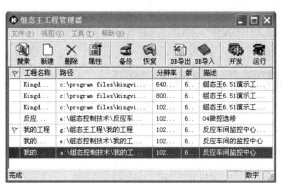

图 3-12 工程管理窗口

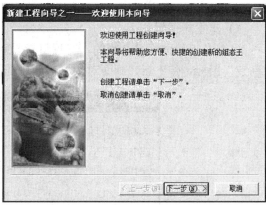

图 3-13 新建工程向导之一

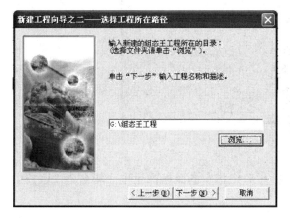

图 3-14 新建工程向导之二

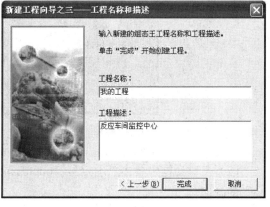

图 3-15 新建工程向导之三

在对话框中输入工程名称：我的工程

在工程描述中输入：反应车间监控中心

（5）单击"完成"按钮弹出对话框询问是否将该工程设为组态王当前工程，如图 3-16 所示。

（6）选择"是"按钮，将新建工程设为组态王当前工程，当您进入运行环境时系统默认运行此工程。

（7）在工程管理器中选择"工具"菜单中的"切换到开发系统"命令，进入工程浏览器窗口，至此新工程已经建立，您可以对工程进行二次开发了。

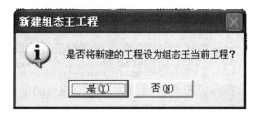

图 3-16 新建工程向导四

2. 监控中心设计画图

1）建立新画面

（1）在工程浏览器左侧的"工程目录显示区"中选择"画面"选项，在右侧视图中双击"新建"图标，弹出新建画面对话框，新画面及属性设置如图 3-17 所示。

图 3-17　新建画面对话框

（2）在对话框中单击"确定"，TouchExploer 按照您指定的风格产生出一幅名为"监控中心"的画面。

2）使用图形工具箱

（1）如果工具箱没有出现，选择"工具"菜单中的"显示工具箱"或按钮 F10 键将其打开，工具箱中各种基本工具的使用方法和 Windows 中的"画笔"很类似，如图 3-18 所示。

（2）在工具箱中单击文本工具 T，在画面上输入文字：反应车间监控画面。

（3）如果要改变文本的字体，颜色和字号，先选中文本对象，然后在工具箱内选择字体工具 ABC，在弹出的"字体"对话框中修改文本属性。

3）使用图库管理器

（1）选择"图库"菜单中"打开图库"命令或按 F2 键打开图库管理器，如图 3-19 所示。

（2）在图库管理器左侧图库名称列表中选择图库名称"反应器"，选中相应罐体后双击鼠标，图库管理器自动关闭，在工程画面上鼠标位置出现一标志，在画面上单击鼠标，该图素就被放置在画面上作为原料油罐并拖动边框到适当的位置，改变其适当大小并利用"T"工具标注此罐为"原料油罐"。

图 3-18 开发工具箱

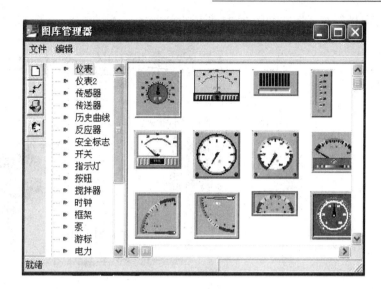

图 3-19 图库管理器

重复上述的操作,在图库管理器中选择不同的图素,分别作为催化剂和成品油罐,并分别标注为"催化剂罐"、"成品油罐"。

(3)选择工具箱中的立体管道工具,在画面上鼠标图形变为"+"变状,在适当位置作为立体管道的起始位置,按住鼠标左键移动鼠标到结束位置后双击。则立体管道在画面上显示出来。如果立体管道需要拐弯,只需在折点出单击鼠标,然后继续移动鼠标,就可实现折线形式的立体管道绘制。

(4)选中所画的立体管道,在调色板上按下"对象选择按钮区"中"线条色"按钮,在"选色区"中选择某种颜色,则立体管道变为相应的颜色。选中立体管道,在立体管道上,单击右键菜单中,选择"管道宽度"来修改立体管道的宽度。

(5)打开图库管理器,在阀门图库中选择相应阀门图素,双击后在反应车间监控画面上单击鼠标,则该图素出现在相应的位置,移动到原料油罐之间的立体管道上,并拖动边框改变其大小,并在其旁边标注文本:原料油出料阀,重复以上的操作在画面上添加催化剂出料阀和成品油出料阀。

最后生成的画面如图 3-20 所示。

至此,一个简单的反应车间监控画面就建立起来了。

(6)选择"文件"菜单的"全部存"命令将所完成的画面进行保存。

3. 定义外部设备和数据变量

1)定义外部设备

(1)在组态王工程浏览器的左侧选中"COM1",在左侧双击"新建"图标弹出"设备配置向导"对话框，如图3-21所示。

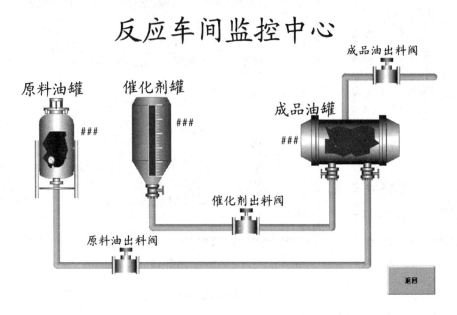

图3-20 反应车间监控画面

图3-21 设备配置向导一

(2)选择亚控提供的"仿真PLC"的"串口"项后单击"下一步"弹出对话框,如图3-22所示。

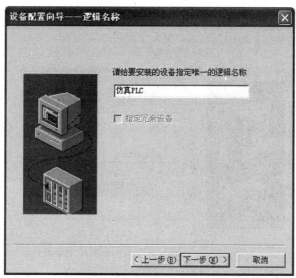

图 3-22 设备配置向导二

(3)为仿真PLC设备取一个名称,如仿真PLC,单击"下一步"弹出连接串口对话框,如图3-23所示。

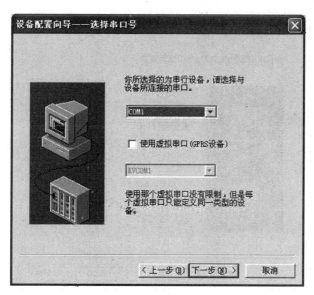

图 3-23 设备配置向导三

（4）为设备选择连接的串口为COM1，单击"下一步"弹出设备地址对话框，如图3-24所示。

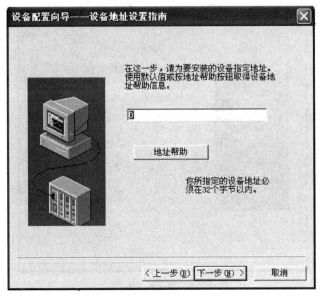

图3-24　设备配置向导四

（5）填写设备地址为0，单击"下一步"，弹出通讯参数对话框，如图3-25所示。

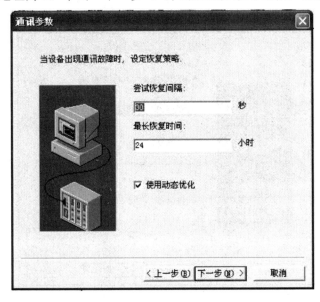

图3-25　设备配置向导五

(6)设置通讯故障恢复参数(一般情况下使用系统默认设置即可),单击"下一步"系统弹出信息总结窗口,如图3-26所示。

图3-26 设备配置向导六

(7)请检查各项设置是否正确,确认无误后,单击"完成"。

2)定义数据变量

对于我们将要建立的"监控中心",需要从下位机采集原料油的液位、原料油罐的压力、催化剂液位和成品油液位,所以需要在数据库中定义这四个变量。因为这些数据是通过驱动程序采集到的,所以这四个变量的类型都I/O实型变量。

(1)在工程浏览器的左侧选择"数据词典",在右侧双击"新建"图标,弹出"变量属性"对话框,如图3-27所示。

在对话框中添加变量如下:

变量名:原料油液位

变量类型:I/O实数

变化灵敏度:0

初始值:0

最小值:0

最大值:100

最小原始值:0

最大原始值：100
转换方式：线性
连接设备：PLC1
寄存器：DECREA100
数据类型：SHORT
采集频率：1 000 ms
读写属性：只读

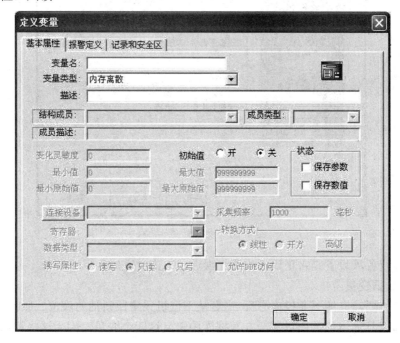

图3-27 "定义变量"对话框

（2）英文字母的大小写无关紧要。设置完成后单击"确定"。
（3）用类似的方法建立另三个变量"原料油罐压力"、"催化剂液位"和"成品油液位"。
（4）此外由于演示工程的需要还须建立三个离散内存变量为："原料油出料阀"、"催化剂出料阀"、"成品油出料阀"。

# 第 4 章

# 组态画面的动画连接

图形对象可以按动画连接的要求改变颜色、尺寸、位置、填充百分数等，一个图形对象又可以同时定义多个连接。把这些动画连接组合起来，应用程序将呈现出令人难以想象的图形动画效果。

## 4.1 动画连接概述

1. 连接概述

工程人员在组态王开发系统中制作的画面都是静态的，那么它们如何才能反映工业现场的状况。这就需要通过实时数据库，因为只有数据库中的变量才是与现场状况同步变化的。通过"动画连接"——所谓"动画连接"就是建立画面的图素与数据库变量的对应关系。这样，工业现场的数据，比如温度、液面高度等，当它们发生变化时，通过 I/O 接口，将引起实时数据库中变量的变化，如果设计者曾经定义了一个画面图素，比如指针与这个变量相关，我们将会看到指针在同步偏转。

2. 动画连接对话框

给图形对象定义动画连接是在"动画连接"对话框中进行的。在组态王开发系统中双击图形对象（不能有多个图形对象同时被选中），弹出动画连接对话框。

对不同类型的图形对象弹出的对话框大致相同。但是对于特定属性对象，有些是灰色的，表明此动画连接属性不适应于该图形对象，或者该图形对象定义了与此动画连接不兼容的其他动画连接。

以圆角矩形为例，如图 4-1 所示。

对话框的第一行标识出被连接对象的名称和左上角在画面中的坐标以及图形对象的宽度和高度。

对话框的第二行提供"对象名称"和"提示文本"编辑框。"对象名称"是为图素提供的唯一的名称,供以后的程序开发使用,暂时不能使用。"提示文本"的含义为:当图形对象定义了动画连接时,在运行的时候,鼠标放在图形对象上,将出现开发中定义的提示文本。

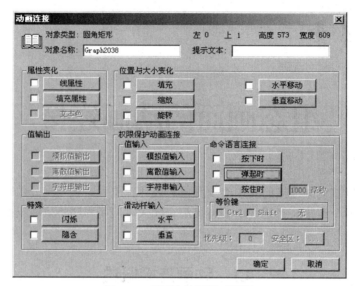

图 4-1　动画连接属性对话框

下面分组介绍所有的动画连接种类。

属性变化:共有三种连接(线属性、填充属性、文本色),它们规定了图形对象的颜色、线型、填充类型等属性如何随变量或连接表达式的值变化而变化。单击任一按钮弹出相应的连接对话框。线类型的图形对象可定义线属性连接,填充形状的图形对象可定义线属性、填充属性连接,文本对象可定义文本色连接。

位置与大小变化:这五种连接(水平移动、垂直移动、缩放、旋转、填充)规定了图形对象如何随变量值的变化而改变位置或大小。不是所有的图形对象都能定义这五种连接。单击任一按钮弹出相应的连接对话框。

值输出:只有文本图形对象能定义三种值输出连接中的某一种。这种连接用来在画面上输出文本图形对象的连接表达式的值。运行时文本字符串将被连接表达式的值所替换,输出的字符串的大小、字体和文本对象相同。按动任一按钮弹出相应的输出连接对话框。

用户输入:所有的图形对象都可以定义为三种用户输入连接中的一种,输入连接使被连接对象在运行时为触敏对象。当 TouchVew 运行时,触敏对象周围出现反显的矩形框,可由鼠标或键盘选中此触敏对象。按 SPACE 键、ENTER 键或鼠标左键,会弹出输入对话框,可以从键盘键入数据以改变数据库中变量的值。

特殊:所有的图形对象都可以定义闪烁、隐含两种连接,这是两种规定图形对象可见性的连接。按动任一按钮弹出相应连接对话框。

滑动杆输入：所有的图形对象都可以定义两种滑动杆输入连接中的一种，滑动杆输入连接使被连接对象在运行时为触敏对象。当 TouchVew 运行时，触敏对象周围出现反显的矩形框。鼠标左键拖动有滑动杆输入连接的图形对象可以改变数据库中变量的值。

命令语言连接：所有的图形对象都可以定义三种命令语言连接中的一种，命令语言连接使被连接对象在运行时成为触敏对象。当 TouchVew 运行时，触敏对象周围出现反显的矩形框，可由鼠标或键盘选中。按 SPACE 键、ENTER 键或鼠标左键，就会执行定义命令语言连接时用户输入的命令语言程序，按动相应按钮弹出连接的命令语言对话框。

等价键：设置被连接的图素在被单击执行命令语言时与鼠标操作相同功能的快捷键。

优先级：此编辑框用于输入被连接的图形元素的访问优先级级别。当软件在 TouchVew 中运行时，只有优先级级别不小于此值的操作员才能访问它，这是"组态王"保障系统安全的一个重要功能。

安全区：此编辑框用于设置被连接元素的操作安全区。当工程处在运行状态时，只有在设置安全区内的操作员才能访问它，安全区与优先级一样是"组态王"保障系统安全的一个重要功能。

## 4.2 通用控制项目

组态王的工具箱经过精心设计，把使用频率较高的命令集中在一块面板上，非常便于操作，而且节省屏幕空间，方便您查看整个画面的布局。工具箱中的每个工具按钮都有"浮动提示"，帮助您了解工具的用途。

图形编辑工具箱是绘图菜单命令的快捷方式。每次打开一个原有画面或建立一个新画面时，图形编辑工具箱都会自动出现，如图 4-2 所示。

工具箱提供了许多常用的菜单命令，也提供了菜单中没有的一些操作。当鼠标放在工具箱任一按钮上时，立刻出现一个提示条标明此工具按钮的功能，如图 4-3 所示。

图 4-2 工具箱

图 4-3 工具箱提示

## 4.3 动画连接详解

在"动画连接"对话框中,单击任一种连接方式,将会弹出设置对话框,本节详细解释各种动画连接的设置。

**1. 线属性连接**

在"动画连接"对话框中,单击"线属性"按钮,弹出连接对话框。

线属性连接是使被连接对象的边框或线的颜色和线型随连接表达式的值而改变。定义这类连接需要同时定义分段点(阀值)和对应的线属性。利用连接表达式的多样性,可以构造出许多很有用的连接。

例如可以用线颜色表示离散变量 EXAM 的报警状态,只需在连接表达式中输入 EXAM.Alarm,然后把下面的两个笔属性颜色对应的值改为 0(蓝色),1(红色)即可。软件在运行时,当警报发生时(EXAM.Alarm==1),线就由蓝色变成了红色;当警报解除后,线又变为蓝色。在画面上画一圆角矩形,双击该图形对象,弹出的动画连接对话框如图 4-4 所示。按上述填好,按确定即可。

线属性连接对话框中各项设置的意义如下:

表达式:用于输入连接表达式,单击"?"按钮可以查看已定义的变量名和变量域。

增加:增加新的分段点。单击增加弹出的输入新值对话框,在对话框中输入新的分段点(阀值)和设置笔属性。按鼠标左键击中"笔属性—线形"按钮弹出漂浮式窗口,移动鼠标进行选择;也可以使"线属性"按钮获得输入焦点,按空格键弹出漂浮式窗口,用 TAB 键在颜色和线型间切换,用移动键选择,按空格或回车确定选择,如图 4-5 所示。

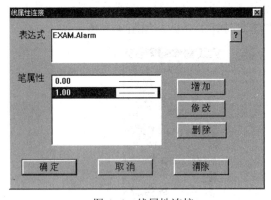

图 4-4 线属性连接

图 4-5 输入阀值

修改:修改选中的分段点。修改对话框用法同输入新值对话框。

删除:删除选中的分段点。

## 2. 填充属性连接

填充属性连接使图形对象的填充颜色和填充类型随连接表达式的值而改变，通过定义一些分段点（包括阀值和对应填充属性），使图形对象的填充属性在一段数值内为指定值。

本例为封闭图形对象定义填充属性连接，阀值为 0 时填充属性为白色，阀值为 100 时为黄色，阀值为 200 时为红色。画面程序运行时，当变量"温度"的值在 0～100 之间时，图形对象为白色；在 100～200 之间时为黄色，变量值大于 200 时，图形对象为红色，如图 4-6 所示。

"填充属性"动画连接的设置方法为：在"动画连接"对话框中选择"填充属性"按钮，弹出的对话框各项意义如下：

表达式：用于输入连接表达式，右边的"？"可以查看已定义的变量名和变量域。

增加：增加新的分段点。单击增加按钮弹出输入新值对话框，如图 4-7 所示。

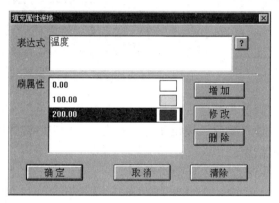
图 4-6  填充属性连接

图 4-7  填充属性—输入新值

在输入新值对话框中输入新的分段点的阀值和画刷属性，按鼠标左键击中"画刷属性—类型"按钮弹出画刷类型漂浮式窗口，移动鼠标进行选择；也可以使"填充属性"按钮获得输入焦点，按空格键弹出漂浮式窗口，用 TAB 键在颜色和填充类型间切换，用移动键选择，按空格键或回车结束选择。按鼠标左键击中"画刷属性—颜色"按钮弹出画刷颜色漂浮式窗口，用法与"画刷属性—类型"选择相同。

修改：修改选中的分段点。修改对话框用法同输入新值对话框。

删除：删除选中的分段点。

## 3. 文本色连接

文本色连接是使文本对象的颜色随连接表达式的值而改变，通过定义一些分段点（包括颜色和对应数值），使文本颜色在特定数值段内为指定颜色。如定义某分段点，阀值是 0，文本色为红色，另一分段点，阀值是 100，则当"压力"的值在 0～100 之间时（包括 0），"压力"的文本色为红色，当"压力"的值大于等于 100 时，"压力"的文本色为蓝色，如图 4-8

所示。

文本色连接的设置方法为：在"动画连接"对话框中选择"文本色"按钮，弹出的对话框中各项设置的意义如下：

表达式：用于输入连接表达式，单击右侧的"？"按钮可以查看已定义的变量名。

增加：增加新的分段点。单击增加按钮弹出输入新值对话框，如图4-9所示。

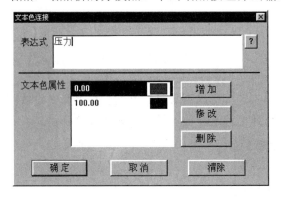

图4-8 文本色连接

图4-9 文本色连接——输入新值

在输入新值对话框中输入新的分段点的阀值和颜色，按鼠标左键击中"文本色"按钮弹出漂浮式窗口，移动鼠标进行选择；也可以使"颜色"按钮获得输入焦点，按空格键弹出漂浮式窗口，用移动键选择，按空格键或回车结束。

修改：修改选中的分段点。修改对话框用法同输入新值对话框。

删除：删除选中的分段点。

4. 水平移动连接

水平移动连接是使被连接对象在画面中随连接表达式值的改变而水平移动。移动距离以像素为单位，以被连接对象在画面制作系统中的原始位置为参考基准。水平移动连接常用来表示图形对象实际的水平运动，如图4-10所示。

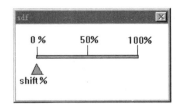 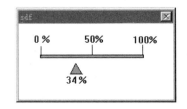

图4-10 水平连接实例

本例中建立一个指示器，在画面上画一三角形（将其设置为"水平移动"动画连接属性），以表示 shift 量的实际大小。上图是设计状态，下图是在 TouchVew 中的运行状态。

水平移动连接的设置方法为：在"动画连接"对话框中单击"水平移动"按钮，弹出"水平移动连接"对话框，如图 4-11 所示。

对话框中各项设置的意义如下：

表达式：在此编辑框内输入合法的连接表达式，单击"？"按钮可查看已定义的变量名和变量域。

向左：输入图素在水平方向向左移动（以被连接对象在画面中的原始位置为参考基准）的距离。

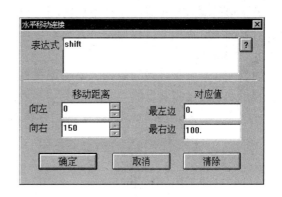

图 4-11 水平连接

最左边：输入与图素处于最左边时相对应的变量值，当连接表达式的值为对应值时，被连接对象的中心点向左（以原始位置为参考基准）移到最左边规定的位置。

向右：输入图素在水平方向向右移动（以被连接对象在画面中的原始位置为参考基准）的距离。

最右边：输入与图素处于最右边时相对应的变量值，当连接表达式的值为对应值时，被连接对象的中心点向右（以原始位置为参考基准）移到最右边规定的位置。

5. 垂直移动连接

垂直移动连接是使被连接对象在画面中的位置随连接表达式的值而垂直移动。移动距离以像素为单位，以被连接对象在画面制作系统中的原始位置为参考基准的。垂直移动连接常用来表示对象实际的垂直运动，单击"动画连接"对话框中的"垂直移动"按钮，弹出"垂直移动连接"对话框，如图 4-12 所示。

对话框中各项设置的意义如下：

表达式：在此编辑框内输入合法的连接表达式，单击"？"按钮可以查看已定义的变量名和变量域。

向上：输入图素在垂直方向向上移动（以被连接对象在画面中的原始位置为参考基准）的距离。

最上边：输入与图素处于最上边时相对应的变量值，当连接表达式的值为对应值时，被连接对象的中心点向上（以原始位置为参考基准）移到最上边规定的位置。

向下：输入图素在垂直方向向下移动（以被连接对象在画面中的原始位置为参考基准）的距离。

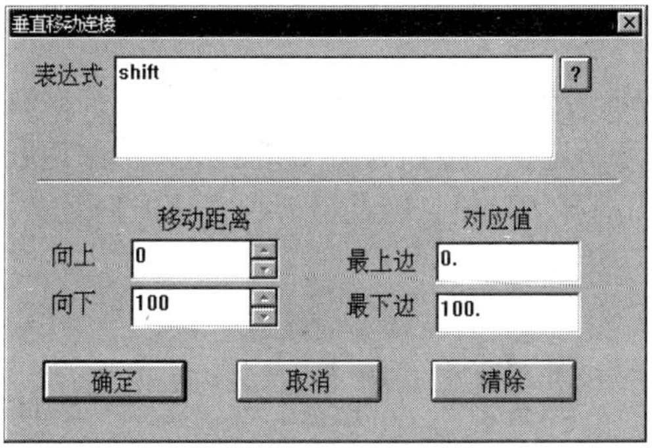

图 4-12 垂直移动连接

最下边：输入与图素处于最下边时相对应的变量值，当连接表达式的值为对应值时，被连接对象的中心点向下（以原始位置为参考基准）移到最下边规定的位置。

6. 缩放连接

缩放连接是使被连接对象的大小随连接表达式的值而变化，例中建立一个温度计，用一矩形表示水银柱（将其设置"缩放连接"动画连接属性），以反映变量"温度"的变化。左图是设计状态，右图是在 TouchVew 中的运行状态，如图 4-13 所示。

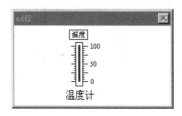 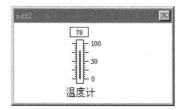

图 4-13  缩放连接实例

缩放连接的设置方法是：在"动画连接"对话框中单击"缩放连接"按钮，弹出对话框，如图 4-14 所示。

图 4-14  缩放连接

对话框中各项设置的意义如下：

表达式：在此编辑框内输入合法的连接表达式，单击"？"按钮可以查看已定义的变量名和变量域。

最小时：输入对象最小时占据的被连接对象的百分比（占据百分比）及对应的表达式的值（对应值）。百分比为 0 时此对象不可见。

最大时：输入对象最大时占据的被连接对象的百分比（占据百分比）及对应的表达式的值（对应值）。若此百分比为 100，则当表达式值为对应值时，对象大小为制作时该对象大小。

变化方向：选择缩放变化的方向。变化方向共有五种，用"方向选择"按钮旁边的指示器来形象地表示。箭头是变化的方向，蓝点是参考点。单击"方向选择"按钮，可选择五种变化方向之一，如图 4-15 所示。

向下变化　　向上变化　　向中心变化　　向左变化　　向右变化

图 4-15  变化方向

## 7. 旋转连接

旋转连接是使对象在画面中的位置随连接表达式的值而旋转。建立了一个有指针仪表，以指针旋转的角度表示变量"泵速"的变化。左图是设计状态，右图是在 TouchVew 中的运行状态，如图 4-16 所示。

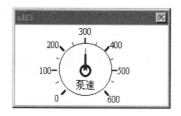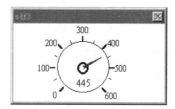

图 4-16 旋转连接实例

旋转连接的设置方法为：在"动画连接"对话框中单击"旋转连接"按钮，弹出对话框，如图 4-17 所示。

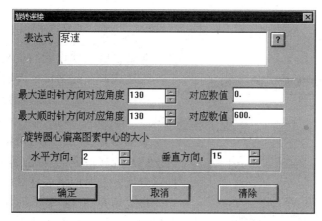

图 4-17 旋转连接

对话框中各项设置的意义如下：

表达式：在此编辑框内输入合法的连接表达式，单击"？"按钮可以查看已定义的变量名和变量域。

最大逆时针方向对应角度：被连接对象逆时针方向旋转所能达到的最大角度及对应的表达式的值（对应数值）。角度值限于 0°～360°之间，Y 轴正向是 0°。

最大顺时针方向对应角度：被连接对象顺时针方向旋转所能达到的最大角度及对应的表达式的值（对应数值）。角度值限于 0°～360°之间，Y 轴正向是 0°。

旋转圆心偏离图素中心的大小：被连接对象旋转时所围绕的圆心坐标距离被连接对象中心的值，水平方向为圆心坐标水平偏离的像素数（正值表示向右偏离），垂直方向为圆心坐标垂直偏离的像素数（正值表示向下偏离），该值可由坐标位置窗口（在组态王开发系统中用热键 F8 激活）帮助确定。

8. 填充连接

填充连接是使被连接对象的填充物（颜色和填充类型）占整体的百分比随连接表达式的值而变化。建立一个矩形对象，以表示变量"液位"的变化。左图是设计状态，右图是在 TouchVew 中的运行状态，如图 4-18 所示。

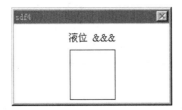 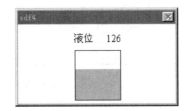

图 4-18　填充连接实例

填充连接的设置方法是：在"动画连接"对话框中单击"填充连接"按钮，弹出的对话框，如图 4-19 所示。

对话框中各项设置的意义如下：

表达式：在此编辑框内输入合法的连接表达式，单击"?"按钮可以查看已有的变量名和变量域。

最小填充高度：输入对象填充高度最小时所占据的被连接对象的高度（或宽度）的百分比（占据百分比）及对应的表达式的值（对应数值）。

最大填充高度：输入对象填充高度最大时所占据的被连接对象的高度（或宽度）的百分比（占据百分比）及对应的表达式的值（对应数值）。

填充方向：规定填充方向，由"填充方向"按钮和填充方向示意图两部分组成。共有 4 种填充方向，单击"填充方向"按钮，可选择其中之一，如图 4-20 所示。

图 4-19　填充连接

　向上填充　　　　向下填充　　　　向左填充　　　　向右填充

图 4-20　填充方向

缺省填充刷：若本连接对象没有填充属性连接。则运行时用此缺省填充刷。按鼠标左键击中"类型"按钮弹出漂浮式窗口，移动鼠标进行选择；也可以使"类型"按钮获得输入焦点，按空格键弹出浮动窗口，用 TAB 键在颜色和填充类型间切换，用移动键选择，按空格键或回车结束选择。按鼠标左键击中"颜色"按钮弹出漂浮式窗口，移动鼠标进行选择，如图 4-21 所示。

图 4-21 缺省填充刷

9. 模拟值输出连接

模拟值输出连接是使文本对象的内容在程序运行时被连接表达式的值所取代，如图 4-22 所示。

 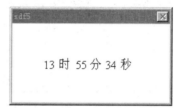

图 4-22 模拟值输出实例

例如建立文本对象以表示系统时间。为文本对象连接的变量是系统预定义变量$时、$分、$秒。左图是设计状态，右图是在 TouchVew 中的运行状态。

模拟值输出连接的设置方法是：在"动画连接"对话框中单击"模拟值输出"按钮，弹出对话框，如图 4-23 所示。

对话框中各项设置的意义如下：

表达式：在此编辑框内输入合法的连接表达式，单击右侧的"？"可以查看已定义的变量名和变量域。

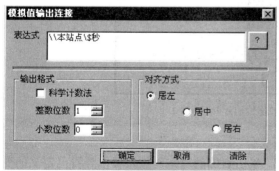

图 4-23 模拟值输出连接

整数位数：输出值的整数部分占据的位数，若实际输出时的值的位数少于此处输入的值，则高位填 0。如：规定整数位是 4 位，而实际值是 12，则显示为 0012。如果实际输出的值位数多于此值，则按照实际位数输出，实际值是 12345，则显示为 12345。若不想有前补零的情况出现，则可令整数位数为 0。

小数位数：输出值的小数部分位数。

若实际输出时值的位数小于此值,则填 0 补充。如:规定小数位是 4 位,而实际值是 0.12,则显示为 0.1200。如果实际值输出的值位数多于此值,则按照实际位数输出。

科学计数法:规定输出值是否用科学计数法显示。

对齐方式:运行时输出的模拟值字符串与当前被连接字符串在位置上按照左、中、右方式对齐。

10. 离散值输出连接

离散值输出连接是使文本对象的内容在运行时被连接表达式的指定字符串所取代。

例如建立一个文本对象"液位状态",使其内容在变量"液位"的值小于 180 时是"液位正常",当变量值不小于 180 时,文本对象变为"液位过高"。左图是设计状态,右图是在 TouchVew 中的运行状态,如图 4-24 所示。

 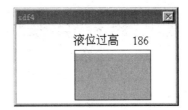

图 4-24 离散值输出连接实例

离散值输出连接的设置方法是:在"动画连接"对话框中单击"离散值输出"按钮,弹出对话框,如图 4-25 所示。

图 4-25 离散值输出连接

对话框中各项设置的意义如下:

条件表达式:可以输入合法的连接表达式。单击右侧的"?"按钮可以查看已定义的变量名和变量域。

表达式为真时,输出信息:规定表达式为真时,被连接对象(文本)输出的内容。

表达式为假时，输出信息：规定表达式为假时，被连接对象（文本）输出的内容。

对齐方式：运行时输出的离散量字符串与当前被连接字符串在位置上按照左、中、右方式对齐。

11. 字符串输出连接

字符串输出连接是使画面中文本对象的内容在程序运行时被数据库中的某个字符串变量的值所取代。

例如建立文本对象"######"，使其在运行时输出历史趋势曲线窗口中曲线1、2对应的变量名。为取得此变量名，使用了系统函数 HTGetPenName。左图是设计状态，右图是在 TouchVew 中的运行状态，如图 4-26 所示。

图 4-26 字符串输出连接实例

字符串输出连接的设置方法是：在"动画连接"对话框中单击"字符串输出"按钮，弹出对话框，如图 4-27 所示。

图 4-27 字符串输出连接

对话框中各项设置的意义是：

表达式：输入要显示值内容的字符串变量。单击右侧的"？"按钮可以查看已定义的变量名和变量域。

对齐方式：选择运行时输出的字符串与当前被连接字符串在位置上的对齐方式。

12. 模拟值输入连接

模拟值输入连接是使被连接对象在运行时为触敏对象，单击此对象或按下指定热键将弹出输入值对话框，用户在对话框中可以输入连接变量的新值，以改变数据库中某个模拟型变量的值。

例如建立一个矩形框，设置"模拟值输入"连接以改变变量"温度"的值，如图 4-28 所示。

在运行时单击矩形框，弹出输入对话框，如图 4-29 所示。

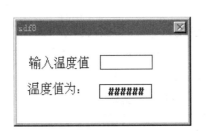
图 4-28　模拟值输入连接实例

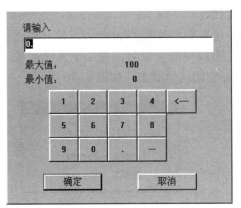
图 4-29　模拟值输入连接

用户在此对话框中可以输入变量的新值。如果在组态王工程浏览器中选中了"系统配置\设置运行系统"下的"特殊"属性页中的"使用虚拟键盘"选项，程序运行中弹出输入对话框的同时还将显示模拟键盘窗口，在模拟键盘上单击按钮的效果与键盘输入相同。

模拟值输入连接的设置方法是：在"动画连接"对话框中单击"模拟值输入"按钮，弹出对话框，如图 4-30 所示。

对话框中各项设置的意义是：

变量名：要改变的模拟类型变量的名称。单击右侧的"？"按钮可以查看已定义的变量和变量域。

提示信息：运行时出现在弹出对话框上用于提示输入内容的字符串。

值范围：规定键入值的范围。它应该是要改变的变量在数据库中设定的最大值和最小值。

激活键：定义激活键，这些激活键可以是键盘上的单键也可以是组合键（Ctrl，Shift 和键盘单键的组合），在 TouchVew 运行画面时可以用激活键随时弹出输入对话框，以便输入修改新的模拟值。

当 Ctrl 和 Shift 字符左边的选择框中出现"✓"符号时，分别表示 Ctrl 键和 Shift 键有效，单击"键"按钮，则弹出对话框，如图 4-31 所示。

在此对话框中用户可以选择一个键，再单击"关闭"按钮完成热键设置。

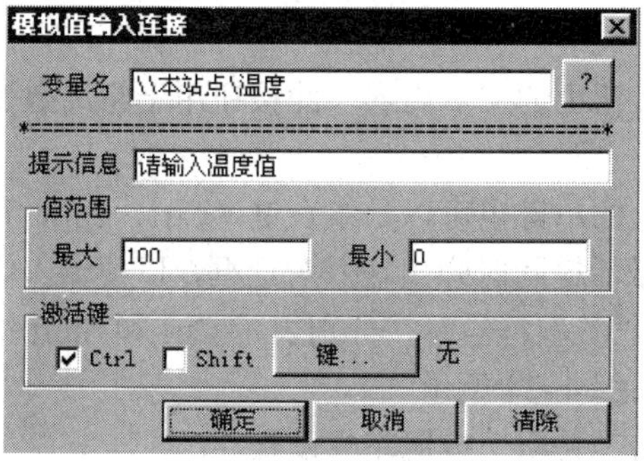

第4章 组态画面的动画连接

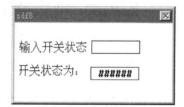

图 4-30 模拟值输入连接设置

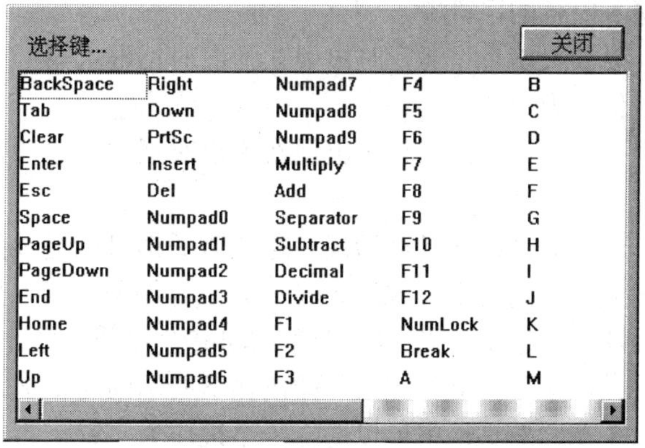

图 4-31 热键选择

### 13. 离散值输入连接

离散值输入连接是使被连接对象在运行时为触敏对象，单击此对象后弹出输入值对话框，可在对话框中输入离散值，以改变数据库中某个离散类型变量的值。

例如建立一个矩形框对象，与之连接的变量是 DDE 离散变量"电源开关"。

下图是在组态王开发系统中的设计状态。运行时单击矩形对象，弹出所示输入对话框，如图 4-32 所示。

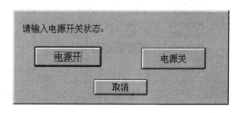

图 4-32 离散值输入连接实例

在对话框中单击适当的按钮可以改变离散变量"电源开关"的值。

离散值输入连接的设置方法是：在"动画连接"对话框中单击"离散值输入"按钮，弹出对话框，如图 4-33 所示。

对话框中各项设置的意义如下：

变量名：要改变的离散类型变量的名称。单击右侧的"？"按钮可以查看已定义的变量和变量域。

提示信息：运行时出现在弹出对话框上用于提示

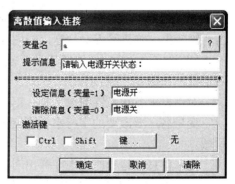

图 4-33 离散值输入连接

73

输入内容的字符串。

设置信息：运行时出现在弹出对话框上第一个按钮上的文本内容，此按钮用于将离散变量值设为 1。

清除信息：运行时出现在弹出对话框上第二个按钮上的文本内容，此按钮用于将离散变量值设为 0。

激活键：定义激活键，这些激活键可以是键盘上的单键也可以是组合键（Ctrl、Shift 和键盘单键的组合），在 Touchvew 运行画面时可以用激活键随时弹出输入对话框，以便输入修改新的离散值。当"Ctrl"和"Shift"字符左边出现"✔"符号时，分别表示 Ctrl 和 Shift 键有效，单击"键"按钮，弹出如下所示的对话框，如图 4-34 所示。

在此对话框中可以选择一个键作为热键，再单击"关闭"按钮完成设置。

14. 字符串输入连接

字符串输入连接是使被连接对象在运行时为触敏对象，用户可以在运行时改变数据库中的某个字符串类型变量的值，如图 4-35 所示。

图 4-34 定义激活键　　　　图 4-35 字符串输入连接实例

例如建立一个矩形框对象，使其能够输入内存字符串变量"记录信息"的值。运行时单击触敏对象，弹出输入对话框，如图 4-36 所示。

"字符串输入"动画连接的设置方法是：选择连接对话框中的"字符串输入"按钮，弹出对话框，如图 4-37 所示。

对话框中各项设置的意义是：

变量名：要改变的字符串类型变量的名称。单击"？"按钮可以查看已定义的变量和变量域。

提示信息：运行时出现在弹出对话框上用于提示输入内容的字符串。

口令形式：规定用户在向弹出对话框上的编辑框中键入字符串内容时，编辑框中的字符是否以口令形式（*******）显示。

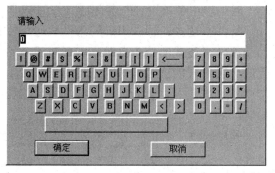

图 4-36 字符串输入连接

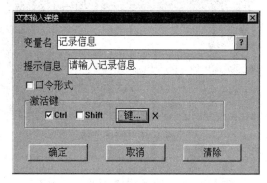

图 4-37 字符串输入连接设置

激活键：定义激活键，这些激活键可以是键盘上的单键也可以是组合键（Ctrl，Shift 和键盘单键的组合），在 TouchVew 运行画面时可以用激活键随时弹出输入对话框，以便输入修改新的字符串值。当 "Ctrl" 和 "Shift" 字符左边出现 "✔" 符号时，分别表示 Ctrl 和 Shift 键有效，单击 "键" 按钮，弹出对话框如图 4-38 所示。

在此对话框中可以选择一个键作为热键，再单击 "关闭" 钮则完成设置。

15. 闪烁连接

闪烁连接是使被连接对象在条件表达式的值为真时闪烁。闪烁效果易于引起注意，故常用于出现非正常状态时的报警，如图 4-39 所示。

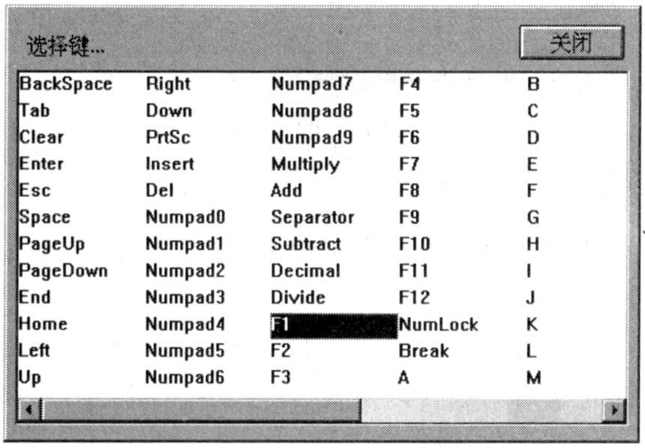

图 4-38 定义激活键

图 4-39 闪烁连接实例

例如建立一个表示报警状态的红色圆形对象，使其能够在变量 "液位" 的值大于 180 时闪烁。图 4-39 是在组态王开发系统中的设计状态。运行中当变量 "液位" 的值大于 180 时，红色对象开始闪烁。

闪烁连接的设置方法是：在 "动画连接" 对话框中单击 "闪烁" 按钮，弹出对话框，如

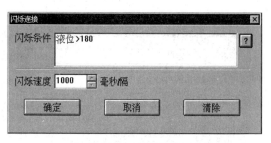

图 4-40 闪烁连接

图 4-40 所示。

对话框中各项设置的意义是：

条件表达式：输入闪烁的条件表达式，当此条件表达式的值为真时，图形对象开始闪烁。表达式的值为假时闪烁自动停止。单击"？"按钮可以查看已定义的变量名和变量域。

闪烁速度：规定闪烁的频率。

16. 隐含连接

隐含连接是使被连接对象根据条件表达式的值而显示或隐含。本例中建立一个表示危险状态的文本对象"液位过高"，使其能够在变量"液位"的值大于 180 时显示出来，如图 4-41 所示。

隐含连接的设置方法是：在"动画连接"对话框中单击"隐含"按钮，弹出对话框，如图 4-42 所示。

图 4-41 隐含连接实例

图 4-42 隐含连接

对话框中各项设置的意义是：

条件表达式：输入显示或隐含的条件表达式，单击"？"可以查看已定义的变量名和变量域。

表达式为真时：规定当条件表达式值为 1（TRUE）时，被连接对象是显示还是隐含。当表达式的值为假时，定义了"显示"状态的对象自动隐含，定义了"隐含"状态的对象自动显示。

17. 水平滑动杆输入连接

当有滑动杆输入连接的图形对象被鼠标拖动时，与之连接的变量的值将会被改变。当变量的值改变时，图形对象的位置也会发生变化。

例如建立一个用于改变变量"泵速"值的水平滑动杆，如图 4-43 所示。左图是设计状态，右图是在 TouchVew 中的运行状态。

 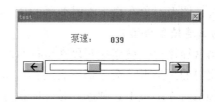

图 4-43　水平滑动杆输入连接实例

水平滑动杆输入连接的设置方法是：在"动画连接"对话框中单击"水平滑动杆输入"按钮，弹出对话框，如图 4-44 所示。

对话框中各项设置的意义是：

变量名：输入与图形对象相联系的变量，单击"？"可以查看已定义的变量名和变量域。

向左：图形对象从设计位置向左移动的最大距离。

向右：图形对象从设计位置向右移动的最大距离。

最左边：图形对象在最左端时变量的值。

最右边：图形对象在最右端时变量的值。

18. 垂直滑动杆输入连接

垂直滑动杆输入连接与水平滑动杆输入连接类似，只是图形对象的移动方向不同。设置方法是：在"动画连接"对话框中单击"垂直滑动杆输入"按钮，弹出对话框如图 4-45 所示。

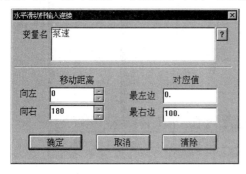 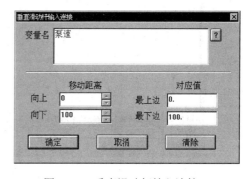

图 4-44　水平滑动杆输入连接　　　　图 4-45　垂直滑动杆输入连接

对话框中各项的意义解释如下：

变量名：与产生滑动输入的图形对象相联系的变量。单击"？"按钮查看所有已定义的变量名和变量域。

向上：图形对象从设计位置向上移动的最大距离。

向下：图形对象从设计位置向下移动的最大距离。

最上边：图形对象在最上端时变量的值。

最下边：图形对象在最下端时变量的值。

19. 动画连接命令语言

命令语言连接会使被连接对象在运行时成为触敏对象。当 TouchVew 运行时，触敏对象周围出现反显的矩形框。命令语言有三种："按下时"、"弹起时"和"按住时"，分别表示鼠标左键在触敏对象上按下、弹起、按住时执行连接的命令语言程序。定义"按住时"的命令语言连接时，还可以指定按住鼠标后每隔多少毫秒执行一次命令语言，这个时间间隔在编辑框内输入。可以指定一个等价键，工程人员在键盘上用等价键代替鼠标，等价键的按下、弹起、按住三种状态分别等同于鼠标的按下、弹起、按住状态。单击任一种"命令语言连接"按钮，将弹出对话框用于输入命令语言连接程序，如图 4–46 所示。

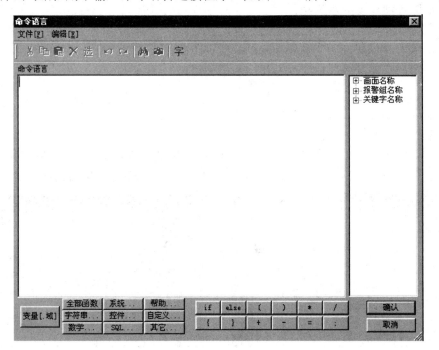

图 4–46　命令语言

在对话框右边有一些能产生提示信息的按钮，可让用户选择已定义的变量名及域，系统预定义函数名、画面窗口名、报警组名、算符、关键字等。还提供剪切、复制、粘贴、复原等编辑手段，使用户可以从其它命令语言连接中复制已编好的命令语言程序。

## 4.4　动画连接向导的使用

组态王提供可视化动画连接向导供用户使用。该向导的动画连接包括：水平移动、垂直移动、旋转、滑动杆水平输入、滑动杆垂直输入等五个部分。使用可视化动画连接向导可以简单、精确地定位图素动画的中心位置、移动起止位置和移动范围等。

1. 水平移动动画连接向导

使用水平移动动画连接向导的步骤为：首先在画面上绘制水平移动的图素，如圆角矩形。选中该图素，选择菜单命令"编辑\水平移动向导"，或在该圆角矩形上单击右键，在弹出的快捷菜单上选择"动画连接向导\水平移动连接向导"命令，鼠标形状变为小"十"字形。

选择图素水平移动的起始位置，单击鼠标左键，鼠标形状变为向左的箭头，表示当前定义的是运行时图素由起始位置向左移动的距离，水平移动鼠标，箭头随之移动，并画出一条水平移动轨迹线。

当鼠标箭头向左移动到左边界后，单击鼠标左键，鼠标形状变为向右的箭头，表示当前定义的是运行时图素由起始位置向右移动的距离，水平移动鼠标，箭头随之移动，并画出一条移动轨迹线，当到达水平移动的右边界时，单击鼠标左键，弹出水平移动动画连接对话框，如图4-47所示。

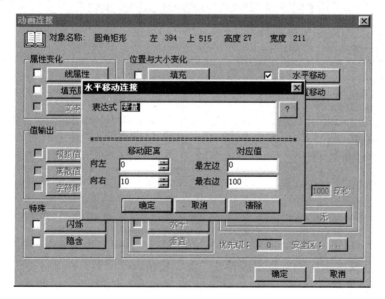

图4-47 水平移动动画连接

在"表达式"文本框中输入变量或单击"？"按钮选择变量，在"移动距离"的"向左"、"向右"文本框中的数据为利用向导建立动画连接产生的数据，用户可以按照需要再修改该项，单击"确定"完成动画连接。

2. 垂直移动动画连接向导

使用垂直移动动画连接向导的步骤为：首先在画面上绘制垂直移动的图素，如圆角矩形。

选中该图素，选择菜单命令"编辑\垂直移动向导"，或在该圆角矩形上单击右键，在弹出的快捷菜单上选择"动画连接向导\垂直移动连接向导"命令，鼠标形状变为小"十"字形。

选择图素垂直移动的起始位置，单击鼠标左键，鼠标形状变为向上的箭头，表示当前定义的是运行时图素由起始位置向上移动的距离，垂直移动鼠标，箭头随之移动，并画出一条垂直移动轨迹线。

当鼠标箭头向上移动到上边界后，单击鼠标左键，鼠标形状变为向下的箭头，表示当前定义的是运行时图素由起始位置向下移动的距离，垂直移动鼠标，箭头随之移动，并画出一条垂直移动轨迹线，当到达垂直移动的下边界时，单击鼠标左键，弹出垂直移动动画连接对话框，如图4-48所示。

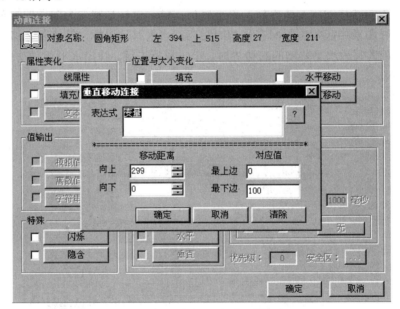

图4-48 水平移动动画连接

在"表达式"文本框中输入变量或单击"？"按钮选择变量，在"移动距离"的"向上"、"向下"文本框中的数据为利用向导建立动画连接产生的数据,用户可以按照需要再修改该项，单击"确定"完成动画连接。

3. 滑动杆输入动画连接向导

滑动杆的水平输入和垂直输入动画连接向导的使用与水平移动、垂直移动动画连接向导的使用方法相同。

4. 旋转动画连接向导

使用旋转动画连接向导的步骤为：首先在画面上绘制旋转动画的图素，如椭圆。

选中该图素，选择菜单命令"编辑\旋转向导"，或在该椭圆上单击右键，在弹出的快捷菜单上选择"动画连接向导\旋转连接向导"命令，鼠标形状变为小"十"字形。

选择图素旋转时的围绕中心，在画面上相应位置单击鼠标左键。随后鼠标形状变为逆时针方向的旋转箭头，表示现在定义的是图素逆时针旋转的起始位置和旋转角度。移动鼠标，环绕选定的中心，则一个图素形状的虚线框会随鼠标的移动而转动。

确定逆时针旋转的起始位置后，单击鼠标左键，鼠标形状变为顺时针方向的旋转箭头，表示现在定义的是图素顺时针旋转的起始位置和旋转角度，方法同逆时针定义。选定好顺时针的位置后，单击鼠标弹出旋转动画连接对话框，如图4-49所示。

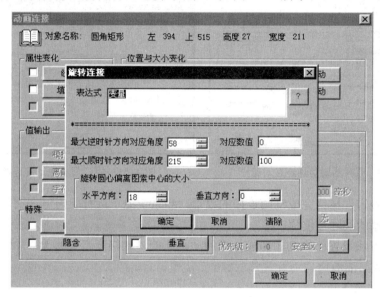

图4-49 旋转连接对话框

旋转连接动画向导很有力地解决了用户在定义旋转图素时很难找到旋转中心的问题。

## 4.5 实例——动画连接

1. 液位示值动画设置

（1）在画面上双击"原料油罐"图形，弹出该对象的动画连接对话框，对话框设置如图4-50所示。

（2）单击"确定"按钮，完成原料油罐的动画连接。

用同样的方法设置催化剂罐和成品油罐的动画连接，连接变量分别为：\\本站点\催化剂液位、\\本站点\成品油液位。

作为一个实际可用的监控程序，操作者可能需要知道罐液面的准确高度而不仅是形象的表示，这个动能由"模拟值动画连接"来实现。

（3）在工具箱中选择"T"工具，在原料罐旁边输入字符串"####"，这个字符串是任意的，当工程运行时，字符串的内容将被您需要输出的模拟值所取代。

（4）双击文本对象"####"，弹出动画连接对话框，在此对话框中选择"模拟量输出"选项弹出模拟量输出动画连接对话框，对话框设置如图4–51所示。

 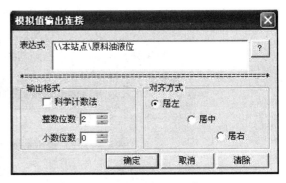

图4–50　原料油罐动画连接对话框　　　　图4–51　模拟量输出动画连接对话框

（5）击"确定"按钮完成动画连接的设置。当系统处于运行状态时在文本框"####"中将显示原料油罐的实际液位值。

用同样的方法设置催化剂罐和成品罐的动画连接，连接变量分别为：\\本站点\催化剂液位、\\本站点\成品油液位。

2. 阀门动画设置

（1）在画面上双击"原料油出料阀"图形，弹出该对象的动画连接对话框如图4–52所示。

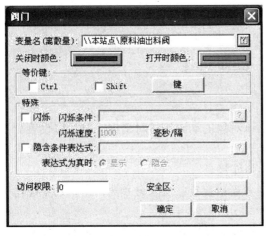

图4–52　原料油出料阀动画连接

对话框设置如下：

变量名（离散量）：\\本站点\原料油出料阀

关闭时颜色：红色

打开时颜色：绿色

（2）单击"确定"按钮后原料油进料阀动画设置完毕，当系统进入运行环境时鼠标单击此阀门，其变成绿色，表示阀门已被打开，再次单击关闭阀门，从而达到了控制阀门的目的。

（3）用同样的方法设置催化剂出料阀和成品油出料阀的动画连接，连接变量分别为：

\\本站点\催化剂出料阀、\\本站点\成品油出料阀。

3. 液体流动动画设置

（1）在数据词典中定义一个内存整形变量：

变量名：控制水流

变量类型：内存整形

初始值：100

（2）选择工具箱中的"矩形"工具，在原料油管道上画一个小方块，宽度与管道相匹配，（最好与管道的颜色区分开）然后利用"编辑"菜单中的"拷贝"、"粘贴"命令复制多个小方块排成一行作为液体，如图4-53所示。

图4-53 管道中绘制液体

（3）选择所有方块，单击鼠标右键，在弹出的下拉菜单中执行"组合拆分\合成组合图素"命令将其组合成一个图素，双击此图素弹出动画连接对话框，在此对话框中单击"水平移动"选项，弹出"水平移动连接"对话框，对话框设置如图4-54所示。

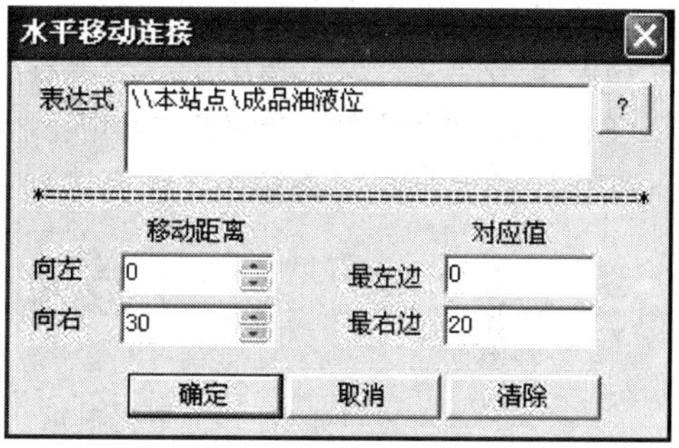

（4）上述"表达式"中连接的\\本站点\控制水流变量是一个内存变量，在运行状态下如果不改变其值的话，它的值永远为初始值（即0），那么如何改变其值，使变量能够实现控制液体流动的效果呢？在画面的任一位置单击鼠标右键，在弹出的下拉菜单中选择"画面属性"命令，在画面属性对话框中选择"命令语言"选项，弹出命令语言对话框，如图4-55所示。

图4-54 "水平移动连接"对话框

在对话框中输入如下命令语言：

If(\\本站点\原料油出料阀==1)

　　\\本站点\控制水流=\\本站点\控制水流+5;

If(\\本站点\控制水流>20)

　　\\本站点\控制水流=0;

（5）单击"确认"按钮关闭对话框。上述命令语言是当"监控画面"存在时每隔55 ms执行一次，当"\\本站点\原料油出料阀"开启时改变"\\本站点\控制水流"变量的值，达到了控制液体流动的目的。

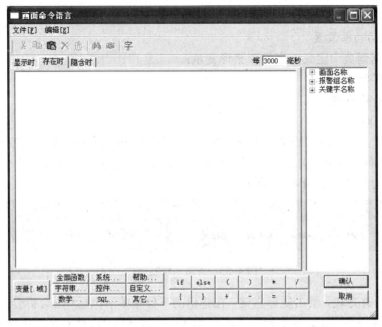

图 4-55　命令语言对话框

（6）利用同样的方法设置催化剂液罐和成品油液罐管道液体流动的画面。
（7）单击"文件"菜单中的"全部存"命令，保存您所作的设置。
（8）单击"文件"菜单中的"切换到 VIEW"命令，进入运行系统，在画面中可看到液位的变化值并控制阀门的开关，从而达到了监控现场的目的，如图 4-56 所示。

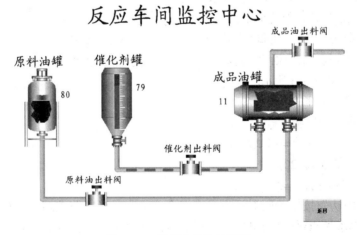

图 4-56　运行中的监控画面

# 第5章

# 用户脚本程序

组态王中命令语言是一种在语法上类似 C 语言的程序，工程人员可以利用这些程序来增强应用程序的灵活性，处理一些算法和操作等等。

## 5.1 命令语言类型

命令语言都是靠事件触发执行的，如定时、数据的变化、键盘键的按下、鼠标的点击等。根据事件和功能的不同，包括应用程序命令语言、热键命令语言、事件命令语言、数据改变命令语言、自定义函数命令语言、动画连接命令语言和画面命令语言等。具有完备的词法语法查错功能和丰富的运算符、数学函数、字符串函数控件函数 SQL 函数和系统函数。各种命令语言通过"命令语言编辑器"编辑输入，在"组态王"运行系统中被编译执行。

应用程序命令语言、热键命令语言、事件命令语言、数据改变命令语言可以称为"后台命令语言"，它们的执行不受画面打开与否的限制，只要符合条件就可以执行。另外可以使用运行系统中的菜单"特殊\开始执行后台任务"和"特殊\停止执行后台任务"来控制所有这些命令语言是否执行。而画面和动画连接命令语言的执行不受影响。也可以通过修改系统变量"$启动后台命令语言"的值来实现上述控制，该值置 0 时停止执行，置 1 时开始执行。

1. 应用程序命令语言

在工程浏览器的目录显示区，选择"文件\命令语言\应用程序命令语言"，则在右边的内容显示区出现"请双击这儿进入<应用程序命令语言>对话框…"图标，如图 5-1 所示。

双击图标，则弹出"应用程序命令语言"对话框，如图 5-2 所示。

在输入命令语言时，除汉字外，其他关键字，如标点符号必须以英文状态输入。

应用程序命令语言是指在组态王运行系统应用程序启动时、运行期间和程序退出时执行的命令语言程序。如果是在运行系统运行期间，该程序按照指定时间间隔定时执行。

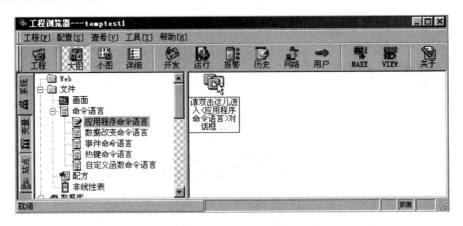

图 5-1 选择应用程序命令语言

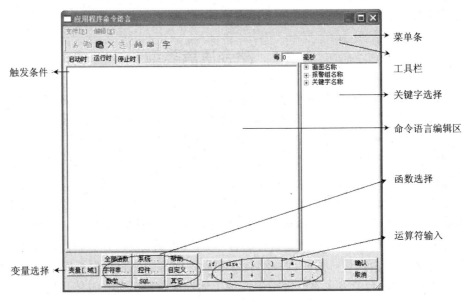

图 5-2 应用程序命令语言

如图 5-3 所示,当选择"运行时"标签时,会有输入执行周期的编辑框"每……毫秒"。输入执行周期,则组态王运行系统运行时,将按照该时间周期性的执行这段命令语言程序,无论打开画面与否。

选择"启动时"标签,在该编辑器中输入命令语言程序,该段程序只在运行系统程序启动时执行一次。

选择"停止时"标签,在该编辑器中输入命令语言程序,该段程序只在运行系统程序退出时执行一次。

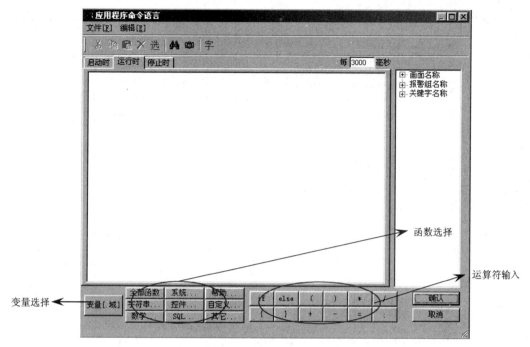

图 5-3　应用程序命令语言

应用程序命令语言只能定义一个。

2. 数据改变命令语言

在工程浏览器中选择命令语言—数据改变命令语言,在浏览器右侧双击"新建……",弹出数据改变命令语言编辑器,如图 5-4 所示。数据改变命令语言触发的条件为连接的变量或变量的域的值发生了变化。

在命令语言编辑器"变量[.域]"编辑框中输入或通过单击"？"按钮来选择变量名称（如：原料罐液位）或变量的域（如：原料罐液位.Alarm）。这里可以连接任何类型的变量和变量的域,如离散型、整型、实型、字符串型等。当连接的变量的值发生变化时,系统会自动执行该命令语言程序。

数据改变命令语言可以按照需要定义多个。

需要注意是,在使用"事件命令语言"或"数据改变命令语言"过程中要注意防止死循环。例如,变量 A 变化引发数据改变命令语言程序中含有命令 B=B+1,若用 B 变化再引发事件命令语言或数据改变命令语言的程序中不能再有类似 A=A+1 的命令。

3. 事件命令语言

事件命令语言是指当规定的表达式的条件成立时执行的命令语言。如某个变量等于定值,某个表达式描述的条件成立。在工程浏览器中选择命令语言—事件命令语言,在浏览器右侧

双击"新建……",弹出事件命令语言编辑器,如图 5-5 所示。事件命令语言有三种类型:

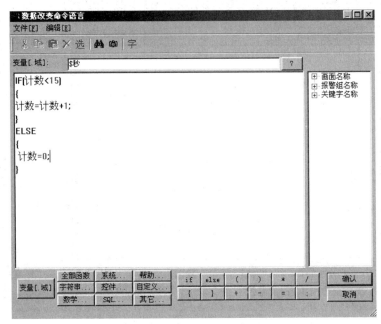

图 5-4 数据改变命令语言编辑器

图 5-5 事件命令语言编辑器

发生时：事件条件初始成立时执行一次。

存在时：事件存在时定时执行，在"每……毫秒"编辑框中输入执行周期，则当事件条件成立存在期间周期性执行命令语言，如图5-6所示。

消失时：事件条件由成立变为不成立时执行一次。

事件描述：指定命令语言执行的条件。

备注：对该命令语言做一些说明性的文字。

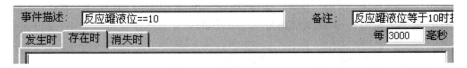

图5-6　事件命令语言—存在时

4. 热键命令语言

"热键命令语言"链接到工程人员指定的热键上，软件运行期间，工程人员随时按下键盘上相应的热键都可以启动这段命令语言程序。热键命令语言可以指定使用权限和操作安全区。输入热键命令语言时，在工程浏览器的目录显示区，选择"文件\命令语言\热键命令语言"，双击右边的内容显示区出现"新建…"图标，弹出热键命令语言编辑器，如图5-7所示。

图5-7　热键命令语言编辑器

图5-8 热键定义

热键定义，当 Ctrl 和 Shift 左边的复选框被选中时，表示此键有效，如图5-8所示。

热键定义区的右边为键按钮选择区，用鼠标单击此按钮，则弹出如图5-9所示的对话框。

在此对话框中选择一个键，则此键被定义为热键，还可以与 Ctrl 和 Shift 形成组合键。

热键命令语言可以定义安全管理，安全管理包括操作权限和安全区，两者可单独使用，也可合并使用，如图5-10所示。比如：设置操作权限为918。只有操作权限大于等于918的操作员登录后按下热键时，才会激发命令语言的执行。

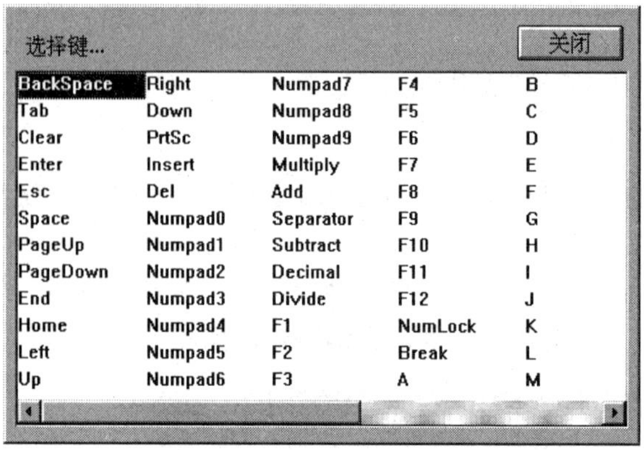

图5-9 热键选择 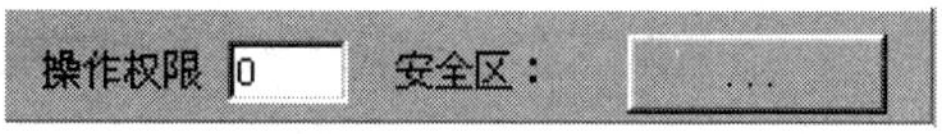　　　　图5-10 热键的安全管理定义

### 5. 用户自定义函数

如果组态王提供的各种函数不能满足工程的特殊需要，组态王还提供用户自定义函数功能。用户可以自己定义各种类型的函数，通过这些函数能够实现工程特殊的需要。如特殊算法、模块化的公用程序等，都可通过自定义函数来实现。

自定义函数是利用类似C语言来编写的一段程序，其自身不能直接被组态王触发调用，必须通过其他命令语言来调用执行。

编辑自定义函数时，在工程浏览器的目录显示区，选择"文件\命令语言\自定义函数命令语言"，在右边的内容显示区出现"新建"图标，用左键双击此图标，将出现"自定义函数命令语言"对话框，如图5-11所示。具体的应用请参考组态王使用手册。

### 6. 画面命令语言

画面命令语言就是与画面显示与否有关系的命令语言程序。画面命令语言定义在画面属性中。打开一个画面，选择菜单"编辑/画面属性"，或用鼠标右键单击画面，在弹出的快捷菜单中选择"画面属性"菜单项，或按下<Ctrl>+<W>键，打开画面属性对话框，在对话框上单击"命令语言…"按钮，弹出画面命令语言编辑器，如图5-12所示。

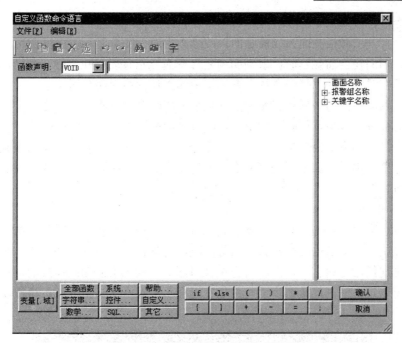

图 5-11 自定义函数命令语言编辑器

图 5-12 画面命令语言编辑器

画面命令语言分为三个部分：显示时、存在时、隐含时。

显示时：打开或激活画面为当前画面，或画面由隐含变为显示时执行一次。

存在时：画面在当前显示时，或画面由隐含变为显示时周期性执行，可以定义指定执行周期，在"存在时"中的"每…毫秒"编辑框中输入执行的周期时间。

隐含时：画面由当前激活状态变为隐含或被关闭时执行一次。

只有画面被关闭或被其他画面完全遮盖时，画面命令语言才会停止执行。

只与画面相关的命令语言可以写到画面命令语言里——如画面上动画的控制等，而不必写到后台命令语言中——如应用程序命令语言等，这样可以减轻后台命令语言的压力，提高系统运行的效率。

### 7. 动画连接命令语言

对于图素，有时一般的动画连接表达式完成不了工作，而程序只需要点击一下画面上的按钮等图素才执行，如点击一个按钮，执行一连串的动作，或执行一些运算、操作等。这时可以使用动画连接命令语言。该命令语言是针对画面上的图素的动画连接的，组态王中的大多数图素都可以定义动画连接命令语言。如在画面上放置一个按钮，双击该按钮，弹出动画连接对话框，如图5-13所示。

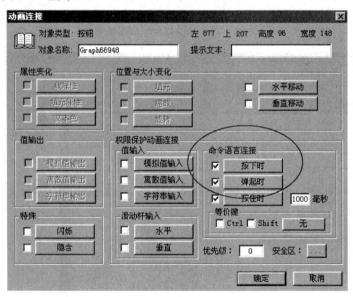

图5-13　图素动画连接动画框中的命令语言连接

在"命令语言连接"选项中包含三个选项：

按下时：当鼠标在该按钮上按下时，或与该连接相关联的热键按下时执行一次。

弹起时：当鼠标在该按钮上弹起时，或与该连接相关联的热键弹起时执行一次。

按住时：当鼠标在该按钮上按住，或与该连接相关联的热键按住，没有弹起时周期性执行该段命令语言。按住时命令语言连接可以定义执行周期，在按钮后面的"毫秒"标签编辑框中输入按钮被按住时命令语言执行的周期。

单击上述任何一个按钮都会弹出动画连接命令语言编辑器，如图5-14所示。其用法与其他命令语言编辑器用法相同。

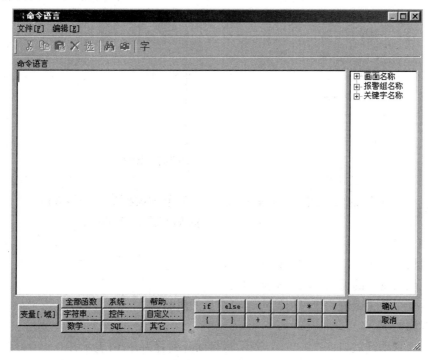

图5-14　图素动画连接命令语言编辑器

动画连接命令语言可以定义关联的动作热键，如图5-13所示，单击"等价键"中的"无"按钮，可以选择关联的热键，也可以选择<Ctrl>、<Shift>与之组成组合键。运行时，按下此热键，效果同在按钮上按下鼠标键相同。

定义有动画连接命令语言的图素可以定义操作权限和安全区，只有符合安全条件的用户登录后，才可以操作该按钮。

## 5.2　命令语言语法

命令语言程序的语法与一般C程序的语法没有大的区别，每一程序语句的末尾应该用分号";"结束，在使用if…else…、while（）等语句时，其程序要用花括号"{ }"括起来。

## 1. 运算符

用运算符连接变量或常量就可以组成较简单的命令语言语句，如赋值、比较、数学运算等。命令语言中可使用的运算符以及算符优先级与连接表达式相同，运算符有以下几种。

运算符的优先级：下面列出算符的运算次序，首先计算最高优先级的算符，再依次计算较低优先级的算符。同一行的算符有相同的优先级。

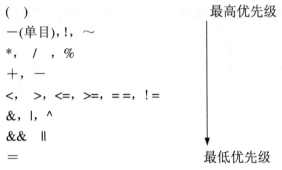

```
( )                          最高优先级
-(单目), !, ~
*, / , %
+, -
<, >, <=, >=, = =, ! =
&, |, ^
&&  ||
=                            最低优先级
```

表达式举例：

复杂的表达式：开关= =1　　液面高度>50&&液面高度<80

(开关 1||开关 2)&&(液面高度.alarm)

## 2. 赋值语句

赋值语句用得最多，语法如下：

变量（变量的可读写域）= 表达式；

可以给一个变量赋值，也可以给可读写变量的域赋值。

例如：

自动开关=1；　　　　表示将自动开关置为开（1表示开,0表示关）

颜色=2；　　　　　　将颜色置为黑色（如果数字2代表黑色）

反应罐温度.priority=3；　表示将反应罐温度的报警优先级设为3

## 3. IF-ELSE 语句

IF—ELSE 语句用于按表达式的状态有条件地执行不同的程序，可以嵌套使用。语法为：

IF(表达式)
{
　　一条或多条语句；
}
ELSE
{
　　一条或多条语句；
}

需要注意的是，if-else 语句里如果是单条语句可省略花括弧"{ }"，多条语句必须在一对花括弧"{ }"中，ELSE 分支可以省略。

例 1：

if (step = = 3)

颜色="红色";

上述语句表示当变量 step 与数字 3 相等时，将变量颜色置为"红色"（变量"颜色"为内存字符串变量）

例 2：

if（出料阀 = = 1）

    出料阀=0;       //将离散变量"出料阀"设为0状态

else

    出料阀=1;

上述语句表示将内存离散变量"出料阀"设为相反状态。If-else 里是单条语句可以省略"{ }"。

例 3：

if (step= =3)

{

    颜色="红色";

    反应罐温度.priority=1;

}

else

{

    颜色="黑色";

    反应罐温度.priority=3;

}

上述语句表示当变量 step 与数字 3 相等时，将变量颜色置为"红色"（变量"颜色"为内存字符串变量），反应罐温度的报警优先级设为 1；否则变量颜色置为"黑色"，反应罐温度的报警优先级设为 3。

4. While（）语句

当 while（）括号中的表达式条件成立时，循环执行后面"{ }"内的程序。语法如下：

    WHILE(表达式)

    {

    一条或多条语句(以；结尾)

    }

需要注意的是，同 IF 语句一样，WHILE 里的语句若是单条语句，可省略花括弧 "{ }" 外，但若是多条语句必须在一对花括弧 "{ }" 中。这条语句要慎用，否则，会造成死循环。

例 1：
while (循环<=10)
{
  ReportSetCellvalue("实时报表",循环, 1, 原料罐液位);
  循环=循环+1;
}

当变量"循环"的值小于等于 10 时，向报表第一列的 1~10 行添入变量"原料罐液位"的值。应该注意使 whlie 表达式条件满足，然后退出循环。

5. 命令语言程序的注释方法

命令语言程序添加注释，有利于程序的可读性，也方便程序的维护和修改。组态王的所有命令语言中都支持注释。注释的方法分为单行注释和多行注释两种。注释可以在程序的任何地方进行。

单行注释在注释语句的开头加注释符 "//"：

例 1：
//设置装桶速度
if(游标刻度>=10)  //判断液位的高低
装桶速度=80;

多行注释是在注释语句前加 "/*"，在注释语句后加 "*/"。多行注释也可以用在单行注释上。

例 2：
if(游标刻度>=10)  /*判断液位的高低*/
装桶速度=80;

例 3：
/*判断液位的高低
改变装桶的速度*/
if(游标刻度>=10)
  装桶速度=80;
else
  装桶速度=60;

## 5.3  命令语言执行中如何跟踪变量的值

命令语言一旦运行起来，往往看到的是最终的结果，如果结果出现差错，就需要查看命令语言的执行过程——调试命令语言。组态王提供了一个函数——Trace（），该函数可以将规定的信息发送到组态王信息窗口中，类似于程序的调试，根据这些信息，用户可以了解到命令语言执行的过程和期间变量的值。该函数可以添加到命令语言程序的任何需要跟踪的位置，当命令语言调试完成后，可以将其删除。函数的具体使用方法请参见组态王函数手册。

## 5.4  在命令语言中使用自定义变量

自定义变量是指在组态王的命令语言里单独指定类型的变量，这些变量的作用域为当前的命令语言，在命令语言里，可以参加运算、赋值等。当该命令语言执行完成后，自定义变量的值随之消失，相当于局部变量。自定义变量不被计算在组态王的点数之中。适用于应用程序命令语言、事件命令语言、数据改变命令语言、热键命令语言、自定义函数、画面命令语言、动画连接命令语言、控件事件函数等。自定义变量功能的提供可以极大地方便用户编写程序。

自定义变量的类型有 BOOL（离散型）、LONG（长整型）、FLOAT（实数型）、STRING（字符串型）和自定义结构变量类型。其在命令语言中的使用方法与组态王变量相同。

需要注意，自定义变量在使用之前必须要先定义。自定义变量没有"域"的概念，只有变量的值。

在结构变量中定义一个结构，如图 5-15 所示。设计一个求原料罐上、下平均温度的自定义函数。

函数返回值类型为：FLOAT，

函数名称及参数表为：平均温度（原料罐 yuanliao1）

函数体程序为：
float 平均温度 1；
　　平均温度 1=（yuanliao1.原料罐上部温度+yuanliao1.原料罐下部温度)/2；
return 平均温度1；

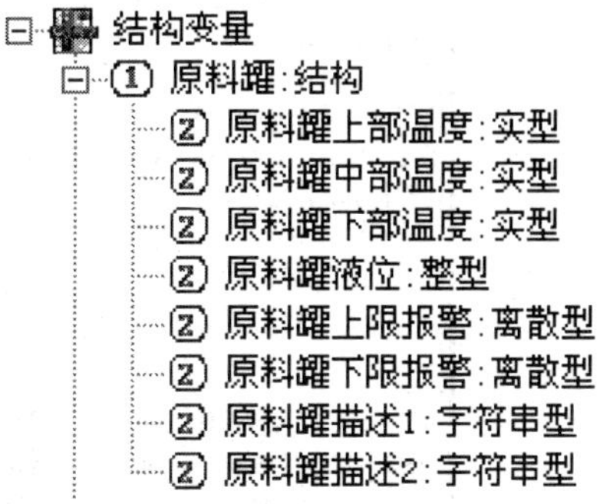

其中"原料罐"为已定义的结构；"yuanliao1"为自定义结构变量，它继承原结构的所有成员作为自己的成员；"平均温度 1"为自定义变量，作为函数的返回值。

图 5-15  结构变量

## 5.5 实例——命令语言应用控制

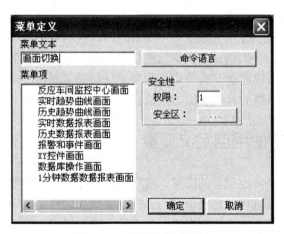

图 5-16 菜单定义对话框

**1. 实现画面切换功能**

利用系统提供的"菜单"工具和 ShowPicture（）函数能够实现在主画面中切换到其他任一画面的功能。具体操作如下：

(1) 选择工具箱中的"菜单"工具，将鼠标放到监控画面的任一位置并按住鼠标左键画一个按钮大小的菜单对象，双击出菜单定义对话框，对话框设置如图 5-16 所示。

(2) 菜单项输入完毕后单击"命令语言"按钮，弹出命令语言编辑框，在编辑中输入如下命令语言，菜单命令语言对话框如图 5-17 所示。

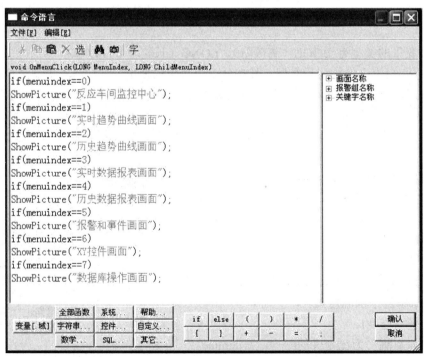

图 5-17 菜单命令语言对话框

（3）单击"确认"按钮关闭对话框，当系统进入运行状态时单击菜单中的每一项，进入响应画面中。

2. 如何退出系统

如何退出组态王运行系统，返回到 Windows，可以通过 Exit（）函数来实现。

（1）选择工具箱中的"按钮"工具，在画面上画一个按钮，选中按钮并单击鼠标右键，在弹出的下拉菜单中执行"字符串替换"命令，设置按钮文本为：系统退出。

（2）双击按钮，弹出动画连接对话框，在此对话框中选择"弹起时"选项弹出命令语言编辑框，在编辑框中输入如下命令语言：

Exit(0);

（3）单击"确认"按钮关闭对话框，当系统进入运行状态时候单击此按钮系统将退出组态王运行环境。

3. 定义热键

在工业现场，为了操作的需要可能需要定义一些热键，当某键被按下时系统执行响应的控制命令。例如当按下 F1 时，原料油出料阀被开启或关闭，这可以使用命令语言——热键命令语言来实现。

（1）在工程浏览器左侧的"工程目录显示区"内选择"命令语言"下的"热键命令语言"选项，双击"目录内容显示区"的新建图标弹出"热键命令语言"编辑对话框，如图 5-18 所示。

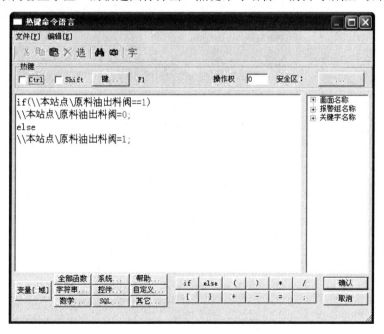

图 5-18 热键命令语言对话框

（2）对话框中单击"键"按钮，在弹出的"选择键"对话框中选择"F1"键后关闭对话框。

（3）在命令语言编辑区中输入如下命令语言：
   If (\\本站点\原料油出料阀==1)
     \\本站点\原料油出料阀=0;
   Else
     \\本站点\原料油出料阀=1;

（4）单击"确认"按钮关闭对话框。当系统进入运行状态时，按下"F1"键执行上述命令语言：首先判断原料油出料阀的当前状态，如果是开启的则将其关闭，否则将其打开，从而实现了开关的切换功能。

# 第6章

# 趋势曲线

组态王的实时数据和历史数据除了在画面中以值输出的方式和以报表形式显示外，还可以曲线形式显示。组态王的曲线有趋势曲线、温控曲线和 X-Y 曲线。

## 6.1 曲线的一般介绍

趋势分析是控制软件必不可少的功能，"组态王"对该功能提供了强有力的支持和简单的控制方法，趋势曲线有实时趋势曲线和历史趋势曲线两种。

温控曲线反映出实际测量值按设定曲线变化的情况。在温控曲线中，纵轴代表温度值，横轴对应时间的变化，同时将每一个温度采样点显示在曲线中。主要适用于温度控制，流量控制等等。

X-Y 曲线主要是用曲线来显示两个变量之间的运行关系，例如电流—转速曲线等。

## 6.2 实时趋势曲线

1. 实时趋势曲线定义

在组态王开发系统中制作画面时，选择菜单"工具\实时趋势曲线"项或单击工具箱中的"画实时趋势曲线"按钮，此时鼠标在画面中变为"十"字形，在画面中用鼠标画出一个矩形，实时趋势曲线就在这个矩形中绘出，如 6-1 图所示。

实时趋势曲线对象的中间有一个带有网格的绘图区域，表示曲线将在这个区域中绘出，网格左方和下方分别是 X 轴（时间轴）和 Y 轴（数值轴）

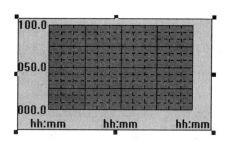

图 6-1 实时趋势曲线

的坐标标注。可以通过选中实时趋势曲线对象（周围出现 8 个小矩形）来移动位置或改变大小。在画面运行时实时趋势曲线对象由系统自动更新。

2. 实时趋势曲线对话框

实时趋势曲线对话框如 6-2 图所示。

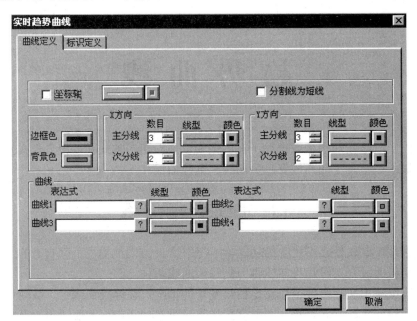

图 6-2　定义实时趋势曲线

在生成实时趋势曲线对象后，双击此对象，弹出"曲线定义"对话框，本对话框通过单击对话框上端的两个按钮在"曲线定义"和"标识定义"之间切换。

1）曲线定义属性卡片选项

坐标轴：目前此项无效。

分割线为短线：选择分割线的类型。选中此项后在坐标轴上只有很短的主分割线，整个图纸区域接近空白状态，没有网格，同时下面的"次分割线"选择项变灰。

边框色、背景色：分别规定绘图区域的边框和背景（底色）的颜色。按动这两个按钮的方法与坐标轴按钮类似，弹出的浮动对话框也与之大致相同，只是没有线型选项。

X方向、Y方向：X方向和Y方向的主分割线将绘图区划分成矩形网格，次分割线将再次划分主分割线划分出来的小矩形。这两种线都可改变线型和颜色。分割线的数目可以通过小方框右边"加减"按钮增加或减小，也可通过编辑区直接输入。工程人员可以根据实时趋势曲线的大小决定分割线的数目，分割线最好与标识定义（标注）相对应。

曲线：定义所绘的 1～4 条曲线 Y 坐标对应的表达式，实时趋势曲线可以实时计算表达式的值，所以它可以使用表达式。实时趋势曲线名的编辑框中可输入有效的变量名或表达式，表达式中所用变量必须是数据库中已定义的变量。右边的"？"按钮可列出数据库中已定义的变量或变量域供选择，每条曲线可通过右边的线型和颜色按钮来改变线型和颜色。

2）标识定义属性卡片选项

标识定义属性卡片对话框如图 6-3 所示。

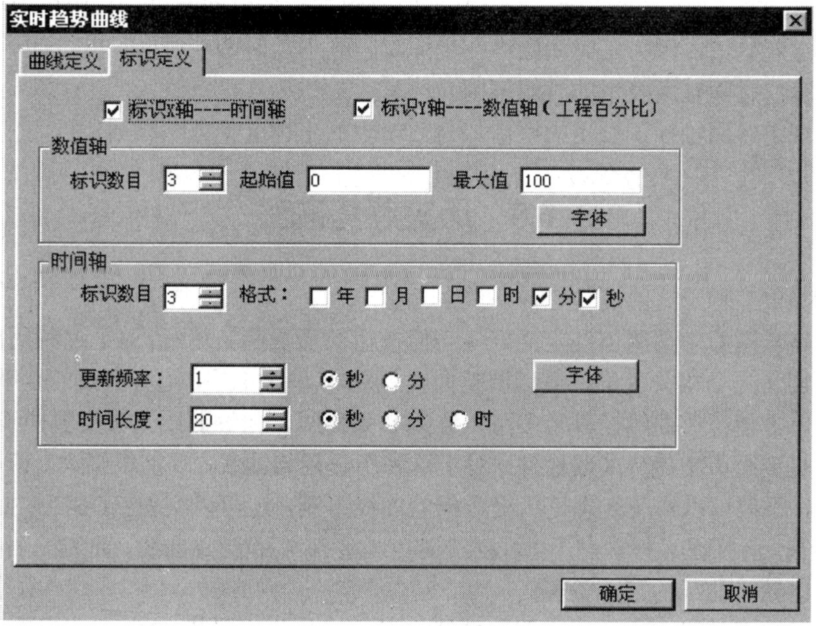

图 6-3 标识定义属性卡片

标识 X 轴—时间轴、标识 Y 轴—数值轴：选择是否为 X 或 Y 轴加标识，即在绘图区域的外面用文字标注坐标的数值。如果此项选中，左边的检查框中有小叉标记，同时下面定义相应标识的选择项也由灰变加亮。

数值轴（Y 轴）定义区：因为一个实时趋势曲线可以同时显示 4 个变量的变化，而各变量的数值范围可能相差很大，为使每个变量都能表现清楚，"组态王"中规定，变量在 Y 轴上以百分数表示，即以变量值与变量范围（最大值与最小值之差）的比值表示。所以 Y 轴的范围是 0（0%）～1（100%）。

标识数目：数值轴标识的数目，这些标识在数值轴上等间隔。

起始值：规定数值轴起点对应的百分比值，最小为 0。

最大值：规定数值轴终点对应的百分比值，最大为 100。

字体：规定数值轴标识所用的字体。可以弹出 WINDOWS 标准的字体选择对话框，相应的操作工程人员可参阅 WINDOWS 的操作手册。

标识数目：时间轴标识的数目，这些标识在数值轴上等间隔。在组态王开发系统中时间是以 yy:mm:dd:hh:mm:ss 的形式表示，在 TouchVew 运行系统中，显示实际的时间，在组态王开发系统画面制作程序中的外观和历史趋势曲线不同，在两边是一个标识拆成两半，与历史趋势曲线区别。

格式：时间轴标识的格式，选择显示哪些时间量。

更新频率：TouchVew 是自动重绘一次实时趋势曲线的时间间隔。与历史趋势曲线不同，它不需要指定起始值，因为其时间始终在当前时间到当前时间－时间长度之间。

时间长度：时间轴所表示的时间范围。

字体：规定时间轴标识所用的字体。与数值轴的字体选择方法相同。

## 6.3 历史趋势曲线

组态王提供三种形式的历史趋势曲线：

第一种是从图库中调用已经定义好各功能按钮的历史趋势曲线，对于这种历史趋势曲线，用户只需要定义几个相关变量，适当调整曲线外观即可完成历史趋势曲线的复杂功能，这种形式使用简单方便；该曲线控件最多可以绘制 8 条曲线，但该曲线无法实现曲线打印功能。

第二种是调用历史趋势曲线控件，对于这种历史趋势曲线，功能很强大，使用比较简单。通过该控件，不但可以实现组态王历史数据的曲线绘制，还可以实现 ODBC 数据库中数据记录的曲线绘制，而且在运行状态下，可以实现在线动态增加/删除曲线、曲线图表的无级缩放、曲线的动态比较、曲线的打印等等。

第三种是从工具箱中调用历史趋势曲线，对于这种历史趋势曲线，用户需要对曲线的各个操作按钮进行定义，即建立命令语言连接才能操作历史曲线，对于这种形式，用户使用时自主性较强，能做出个性化的历史趋势曲线；该曲线控件最多可以绘制 8 条曲线，该曲线无法实现曲线打印功能。

无论使用哪一种历史趋势曲线，都要进行相关配置，主要包括变量属性配置和历史数据文件存放位置配置。

1. 与历史趋势曲线有关的其他必配置项

1）定义变量范围

由于历史趋势曲线数值轴显示的数据是以百分比来显示，因此对于要以曲线形式来显示的变量需要特别注意变量的范围。如果变量定义的范围很大，例如-999 999～+999 999，而实际变化范围很小，例如-0.000 1～+0.000 1，这样，曲线数据的百分比数值就会很小，在曲线图表上就会出现看不到该变量曲线的情况，关于变量范围的定义如图 6-4 所示。

2）对变量作历史记录

对于要以历史趋势曲线形式显示的变量，都需要对变量作记录。在组态王工程浏览器中单击"数据库"项，再选择"数据词典"项，选中要作历史记录的变量，双击该变量，则弹出"变量属性"对话框，如图 6-5 所示。

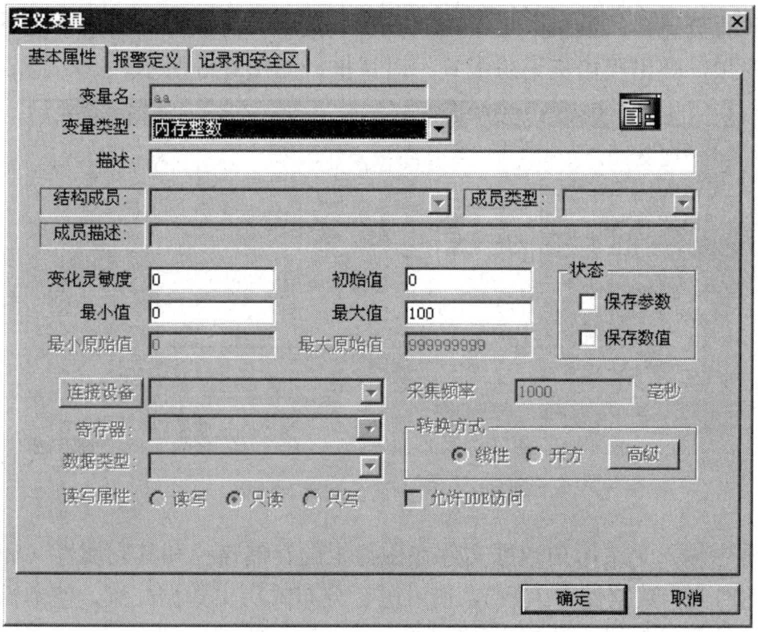

图 6-4 定义变量范围

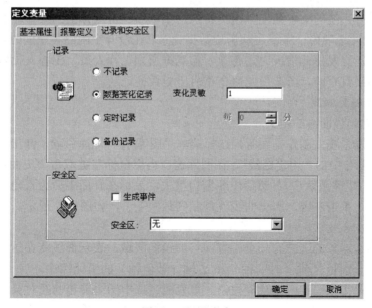

图 6-5 记录定义

选中"记录定义"选项卡片，选择变量记录的方式。

3）定义历史数据文件的存储目录

在组态王工程浏览器的菜单条上单击"配置"菜单，再从弹出的菜单命令中选择"历史数据记录"命令项，弹出"历史记录配置"对话框，如图6-6所示。

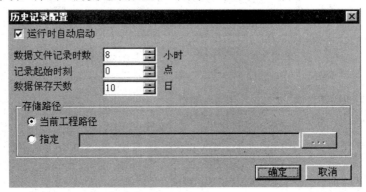

图6-6 历史记录配置对话框

在此对话框中输入记录历史数据文件在磁盘上的存储路径和其它属性（如数据文件记录时数，记录起始时刻，数据保存天数），也可进行分布式历史数据配置，使本机节点中的组态王能够访问远程计算机的历史数据。

4）重启历史数据记录

在组态王运行系统的菜单条上单击"特殊"菜单项，再从弹出的菜单命令中选择"重启历史数据记录"，此选项用于重新启动历史数据记录。在没有空闲磁盘空间时，系统就自动停止历史数据记录。当发生此情况时，将显示信息框通知工程人员，工程人员将数据转移到其他地方后，空出磁盘空间，再选用此命令重启历史数据记录。

2. 通用历史趋势曲线

1）通用历史趋势曲线的定义

在组态王开发系统中制作画面时，选择菜单"图库/打开图库"项，弹出"图库管理器"，单击"图库管理器"中的"历史曲线"，在图库窗口内用鼠标左键双击历史曲线（如果图库窗口不可见，请按F2键激活它），然后图库窗口消失，鼠标在画面中变为直角形，鼠标移动到画面上适当位置，单击左键，历史曲线就复制到画面上了，如图6-7所示。可以任意移动、缩放历史曲线。

历史趋势曲线对象的上方有一个带有网格的绘图区域，表示曲线将在这个区域中绘出，网格左方和下方分别是X轴（时间轴）和Y轴（数值轴）的坐标标注。

曲线的下方是指示器和两排功能按钮。可以通过选中历史趋势曲线对象（周围出现8个小矩形）来移动位置或改变大小。通过定义历史趋势曲线的属性可以定义曲线、功能按钮的参数、改变趋势曲线的笔属性和填充属性等，笔属性是趋势曲线边框的颜色和线型，填充属性是边框和内部网格之间的背景颜色和填充模式。

2) 历史趋势曲线对话框

生成历史趋势曲线对象后，在对象上双击鼠标左键，弹出"历史趋势曲线"对话框。历史趋势曲线对话框由三个属性卡片"曲线定义"、"坐标系"和"操作面板和安全属性"组成，如图6-8所示。

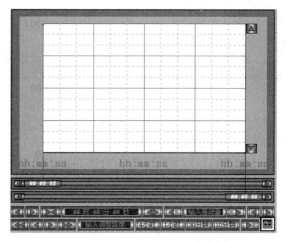

图6-7 历史趋势曲线

图6-8 历史趋势曲线对话框

3. 历史趋势曲线控件

KVHTrend 曲线控件是组态王以 Active X 控件形式提供的绘制历史曲线和 ODBC 数据库曲线的功能性工具，该曲线具有以下特点：

（1）既可以连接组态王的历史库，也可以通过 ODBC 数据源连接到其他数据库上，如 Access、SQLServer 等。

（2）连接组态王历史库时，可以定义查询数据的时间间隔，如同在组态王中使用报表查询历史数据时使用查询间隔一样。

（3）完全兼容了组态王原有历史曲线的功能。最多可同时绘制 16 条曲线。

（4）可以在系统运行时动态增加、删除、隐藏曲线。还可以修改曲线属性。

（5）曲线图表实现无级缩放。

（6）数值轴可以使用工程百分比标识，也可用曲线实际范围标识，二者之间自由切换。

（7）曲线支持毫秒级数据。

（8）可直接打印图表曲线。

（9）通过 ODBC 数据源连接数据库时，可以自由选择数据库中记录时间的时区，根据选择的时区来绘制曲线。

（10）可以自由选择曲线列表框中的显示内容。

1）创建历史曲线控件

在组态王开发系统中新建画面，在工具箱中单击"插入通用控件"或选择菜单"编辑"下的"插入通用控件"命令，弹出"插入控件"对话框，在列表中选择"历史趋势曲线"，单击"确定"按钮，对话框自动消失，鼠标箭头变为小"十"字形，在画面上选择控件的左上角，按下鼠标左键并拖动，画面上显示出一个虚线的矩形框，该矩形框为创建后的曲线的外框。当达到所需大小时，松开鼠标左键，则历史曲线控件创建成功，画面上显示出该曲线，如图 6-9 所示。

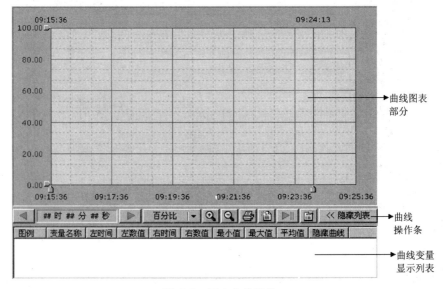

图 6-9 历史曲线控件

2）设置历史曲线固有属性

历史曲线控件创建完成后，在控件上单击右键，在弹出的快捷菜单中选择"控件属性"命令，弹出历史曲线控件的固有属性对话框，如图 6–10 所示。

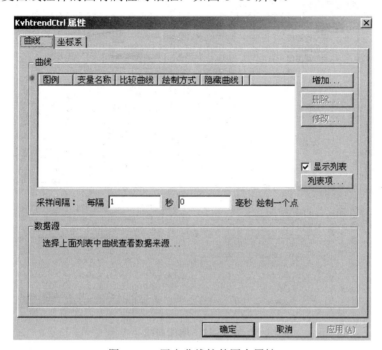

图 6–10 历史曲线控件固有属性

控件固有属性含有两个属性页：曲线、坐标系。下面详细介绍每个属性页中的含义。

（1）曲线属性页。曲线属性页如图 6–10 所示，曲线属性页中下半部分为说明定义在绘制曲线时，历史数据的来源，可以选择组态王的历史数据库或其它 ODBC 数据库为数据源。曲线属性页中上半部分"曲线"列表是定义曲线图表初始状态的曲线变量、绘制曲线的方式、是否进行曲线比较等。

显示列表：选中该项，在运行时，曲线窗口下方可以显示所有曲线的基本情况列表。在运行时也可以通过按钮控制是否要显示该列表。

增加：增加变量到曲线图表，并定义曲线绘制方式。

采集间隔：确定从数据库中读出数据点的时间间隔。可以精确到毫秒。"秒"和"毫秒"不能同时为零，即最小单位为 1 毫秒。该项的选择将影响曲线绘制的质量和系统的效率。当选择的时间单位越小时，绘制的数据点越多，曲线的逼真度越高，系统效率会有所降低。相反，如果选择的时间单位越大，绘制的数据点越少，曲线的逼真度相对降低，移动曲线时，有时会出现在同一个时间点上曲线显示不同的情况，但系统效率受影响较小。单击该按钮，弹出的对话框如图 6-11 所示。

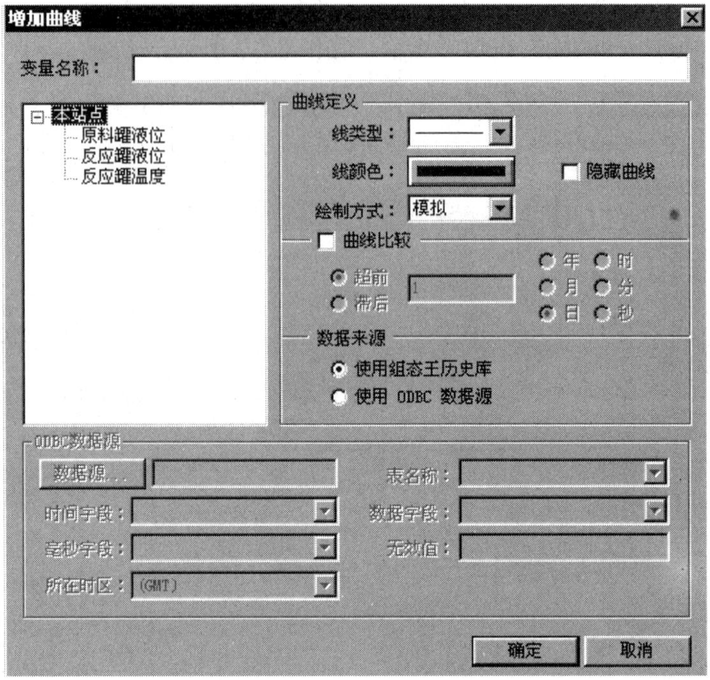

图 6-11 增加曲线

增加曲线对话框中各部分的含义为：

变量名称：在"变量名称"文本框中输入要添加的变量的名称，或在左侧的列表框中选择，该列表框中列出了本工程中所有定义了历史记录属性的变量，如果在定义变量属性时没有定义进行历史记录，则此处不会列出该变量。单击鼠标，则选中的变量名称自动添加到"变量名称"文本框中，一次只能添加一个变量，且必须通过点击该画面的"确定"按钮来完成这一条曲线的添加。

线类型：单击"线类型"后的下拉列表框，选择当前曲线的线型。

线颜色：单击"线颜色"后的按钮，在弹出的调色板中选择当前曲线的颜色。

绘制方式：曲线的绘制方式有四种：模拟、阶梯、逻辑、棒图，可以任选一种。

隐藏曲线：控制运行时是否显示该曲线。在运行时，也可以通过曲线窗口下方的列表中的属性选择来控制显示或隐藏该曲线。

曲线比较：通过设置曲线显示的两个不同时间，使曲线绘制位置有一个时间轴上的平移，这样，一个变量名代表的两条曲线中，一个是显示与时间轴相同的时间的数据，另一个作比较的曲线显示有时间差的数据（如一天前），从而达到用两条曲线来实现曲线比较的目的。

数据来源：选择曲线使用的数据来源，可同时支持组态王历史库和 ODBC 数据源。若选择 ODBC 数据源，必须先配置数据源。

选择完变量并配置完成后，单击"确定"，则曲线名称添加到"曲线列表"中，如图 6–12 所示。

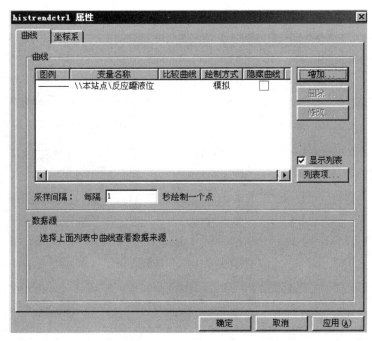

图 6–12　增加变量到曲线列表

如上所述，可以增加多个变量到曲线列表中。选择已添加的曲线，则"删除"、"修改"按钮变为有效。

删除：删除当前列表框中选中的曲线。
修改：修改当前列表框中选中的曲线。
"显示列表"选项：是否显示曲线变量列表。列表中的内容可以自定义，但"图例"一项不可删除。单击"列表项"按钮，弹出列表项选择对话框，如图 6–13 所示。
左边列表框中为选出的不用显示的项，右边列表框中为需要显示的内容。选择列表框中的项，单击"添加"或"删除"，确定显示的项。单击"上移"、"下移"按钮，排列所选

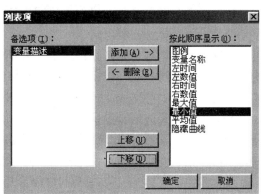

图 6–13　列表项选择对话框

择的项的排列顺序。需要注意的是，"图例"一项的位置不可修改。

采样间隔：确定绘制曲线时，从数据库中读取数据的时间间隔。时间间隔最小单位为"秒"。间隔越小，绘制的曲线越逼真，但同时耗费的系统资源也越多。

数据源：显示定义曲线时使用的 ODBC 数据源的信息。

（2）坐标系属性页。坐标系属性页如图 6-14 所示。

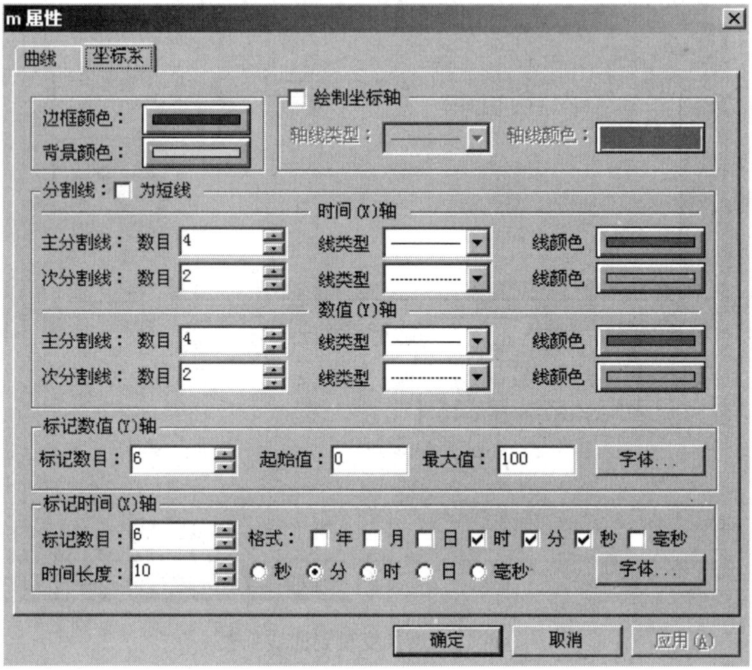

图 6-14　坐标系属性页

边框颜色和背景颜色：设置曲线图表的边框颜色和图表背景颜色。单击相应按钮，弹出浮动调色板，选择所需颜色。

绘制坐标轴选项：是否在图表上绘制坐标轴。单击"轴线类型"列表框选择坐标轴线的线型；单击"轴线颜色"按钮，选择坐标轴线的颜色。绘制出的坐标轴为带箭头的表示 X、Y 方向的直线。

分割线：定义时间轴、数值轴主次分割线的数目、线的类型、线的颜色等。如果选择了分割线"为短线"，则定义的主分割线变为坐标轴上的短线，曲线图表不再是被分割线分割的网状结构，如图 6-15 所示。此时，次分割线不再起作用，其选项也变为灰色无效。

标记数值（Y）轴："标记数目"编辑框中定义数值轴上的标记的个数，"最小值"、"最大值"编辑框定义初始显示的值的百分比范围（0~100%）。单击"字体"按钮，弹出字体、字形、字号选择对话框，选择数值轴标记的字体及颜色等。

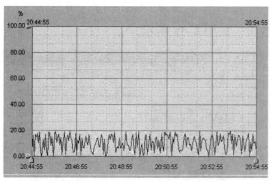 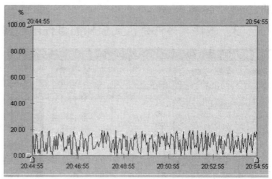

图 6-15 分割线与分割线为短线

标记时间（X）轴："标记数目"编辑框中定义时间轴上的标记的个数。通过选择"格式"选项，选择时间轴显示的时间格式。"时间长度"编辑框定义初始显示时图表所显示的时间段的长度。单击"字体"按钮，弹出字体、字形、字号选择对话框，选择数值轴标记的字体及颜色等。所有项定义完成后，单击"确定"返回。

3）设置历史曲线的动画连接属性

以上所述为设置历史曲线的固有属性，在使用该历史曲线时必定要使用到这些属性。由于该历史曲线以控件形式出现，因此，该曲线还具有控件的属性，即可以定义"属性"和"事件"。该历史曲线的具体"属性"和"事件"详述如下。

用鼠标选中并双击该控件，弹出"动画连接属性"设置对话框，如图 6-16 所示。

动画连接属性共有 3 个属性页，下面一一介绍：

（1）常规。常规属性页如图 6-16 所示。

控件名：定义该控件在组态王中的标识名，如"历史曲线"，该标识名在组态王当前工程中应该唯一。

优先级、安全区：定义控件的安全性。在运行时，当用户满足定义的权限时才能操作该历史曲线。

（2）属性。属性页如图 6-17 所示，属性的具体含义请参考组态王使用手

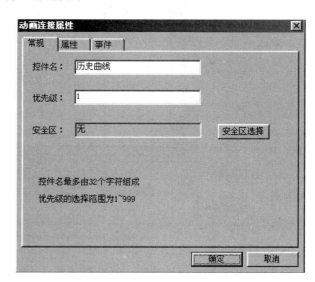

图 6-16 设置控件动画连接属性

册。

（3）事件。事件是定义控件的事件函数属性页，如图 6-18 所示。

图 6-17　属性

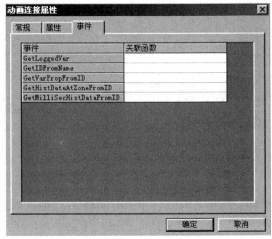

图 6-18　事件

4）运行时修改历史曲线属性

历史曲线属性定义完成后，进入组态王运行系统，运行系统的历史曲线如图 6-19 所示。

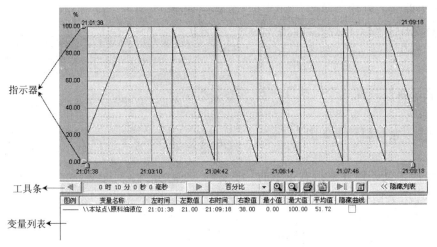

图 6-19　运行中的历史趋势曲线控件

（1）数值轴指示器的使用。拖动数值轴（Y 轴）指示器，可以放大或缩小曲线在 Y 轴方向的长度，一般情况下，该指示器标记为当前图表中变量量程的百分比。另外，用户可以修改该标记值为当前曲线列表中某一条曲线的量程数值。修改方法为：用鼠标单击图表下方工具条中的"百分比"按钮右侧的箭头按钮,弹出如图 6-20 所示的曲线颜色列表框。该列表框中显示的为每条曲线所对应的颜色,(曲线颜色对应的变量可以从图表的列表中看到),选择完曲线后,弹出如图 6-21 所示的对话框,该对话框为设置修改当前标记后数值轴显示数据的小数位数。选择完成后,数值轴标记显示的数据变为当前选定的变量的量程范围,标记字体颜色也相应变为当前选定的曲线的颜色,如图 6-22 所示。

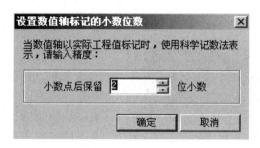

图 6-20　曲线颜色列表框　　　　图 6-21　设置数值轴标记的小数位

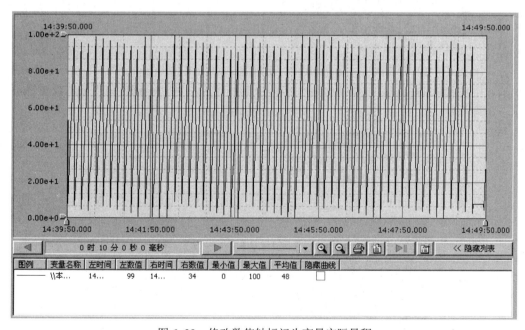

图 6-22　修改数值轴标记为变量实际量程

（2）时间轴指示器的使用。时间轴指示器所获得的时间字符串显示在时间指示器的顶部,时间轴指示器可以配合函数等获得曲线某个时间点上的数据。

（3）工具条的使用。曲线图表的工具条是用来查看变量曲线详细情况的。工具条的具体作用可以通过将鼠标放到按钮上时弹出的提示文本看到,下面就不再详细介绍每个按钮的作用。

4. 个性化历史趋势曲线

1）历史趋势曲线的定义

在组态王开发系统中制作画面时，选择菜单"工具\历史趋势曲线"项或单击工具箱中的"画历史趋势曲线"按钮，鼠标在画面中变为十字形。在画面中用鼠标画出一个矩形，历史趋势曲线就在这个矩形中绘出，如图6-23所示。

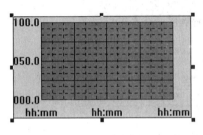

图6-23 历史趋势曲线

历史趋势曲线对象的中间有一个带有网格的绘图区域，表示曲线将在这个区域中绘出，网格左方和下方分别是X轴（时间轴）和Y轴（数值轴）的坐标标注。可以通过选中历史趋势曲线对象（周围出现8个小矩形）来移动位置或改变大小。通过调色板工具或相应的菜单命令可以改变趋势曲线的笔属性和填充属性，笔属性是趋势曲线边框的颜色和线形，填充属性是边框和内部网格之间的背景颜色和填充模式。工程人员有时见不到坐标的标注数字是因为背景颜色和字体颜色正好相同，这时需要修改字体或背景颜色。

2）历史趋势曲线对话框

生成历史趋势曲线对象的可见部分后，在对象上双击鼠标左键，弹出"历史趋势曲线"对话框。历史趋势曲线对话框由两个属性卡片"曲线定义"和"标识定义"组成，如图6-24所示。如果想更具体的了解个性化历史趋势曲线的用法请参考其使用手册。

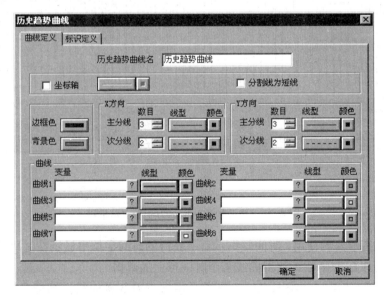

图6-24 历史趋势曲线对话框

## 6.4 实例——实时和历史趋势曲线

1. 创建实时趋势曲线

实时趋势曲线定义过程如下：

（1）新建一画面，名称为：实时趋势曲线画面。

（2）选择工具箱中的 T 工具，在画面上输入文字：实时趋势曲线。

（3）选择工具箱中的"实时趋势曲线"工具，在画面上绘制一实时趋势曲线窗口，如图 6-25 所示。

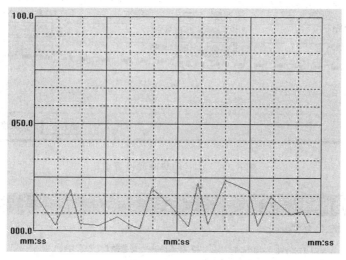

图 6-25　实时趋势曲线窗口

（4）双击"实时趋势曲线"对象，弹出"实时趋势曲线"设置窗口，如图 6-26 所示。

实时曲线趋势设置窗口分为两个属性页：曲线属性页、标识定义属性页。

曲线定义属性页：在此属性页中您不光可以设置曲线窗口的显示风格，还可以设置趋势曲线中所要显示的变量。单击"曲线 1"编辑框后的按钮，在弹出的"选择变量名"对话框中选择变量\\本站点\原料油液位，曲线颜色设置为：红色。

标识定义属性页：标识定义属性页，如图 6-27 所示。

（5）设置完毕后单击"确定"按钮关闭对话框。

（6）单击"文件"菜单中的"全部存"命令，保存您所作的设置。

（7）单击"文件"菜单中的"切换到 VIEW"命令，进入运行系统，通过运行界面"画面"菜单中的"打开"命令将"实时趋势曲线画面"打开后可看到连接变量的实时趋势曲线，如图 6-28 所示。

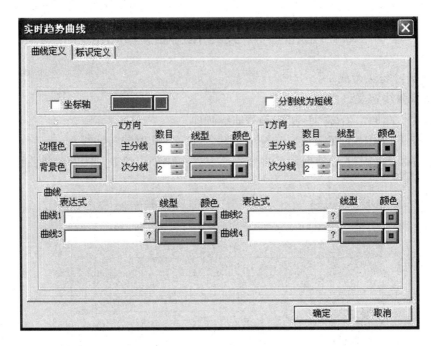

图 6-26 实时趋势曲线设置窗口

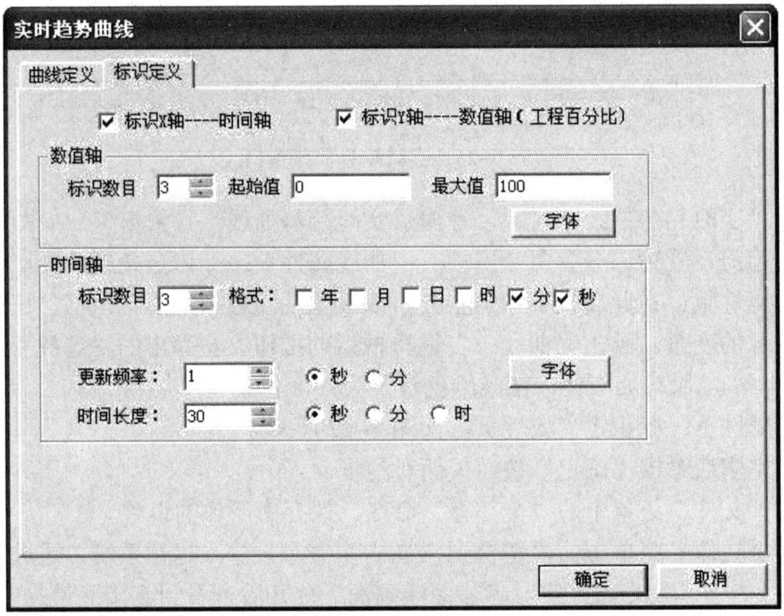

图 6-27 标识定义属性页

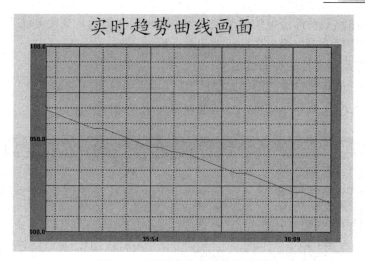

图 6-28　运行中的实时趋势曲线

2. 历史趋势曲线属性设置

对于要以历史趋势曲线形式显示的变量，必须设置变量的记录属性，设置过程如下：

1）设置变量的记录属性

（1）在工程浏览窗口左侧的"工程目录显示区"中选择"数据库"中的"数据词典"选项中选择变量\\本站点\油料液位，双击此变量，在弹出的"定义变量"对话框中单击"记录和安全区"属性页，如图 6-29 所示。

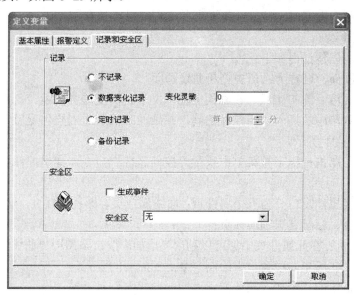

图 6-29　记录和安全区属性页

设置变量本站点原料油液位的记录类型为：数据变化记录，变化灵敏为：0

（2）设置完毕后单击"确定"按钮关闭对话框。

2）定义历史数据文件的存储目录

（1）在工程浏览器窗口左侧的"工程目录显示区"中双击"系统配置"中的"历史记录"项，弹出"历史记录配置"对话框，对话框设置如图6-30所示。

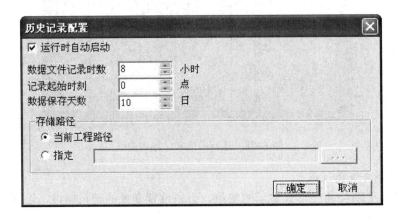

图6-30　历史记录配置对话框

（2）设置完毕后，单击"确定"按钮关闭对话框。当系统进入运行环境时"历史记录服务器"自动启动，将变量的历史数据以文件的形式存储到当前工程路径下。每个文件中保存了变量8小时的历史数据，这些文件将在当前工程路径下保存10天。

3. 创建历史曲线

历史趋势曲线创建过程如下：

（1）新建一画面，名称为：历史趋势曲线画面

（2）选择工具箱中的T工具，在画面上输入文字：历史趋势曲线。

（3）选择工具箱中的插入通用控件工具，在画面中插入通用控件窗口中的"历史趋势曲线"控件，如图6-31所示。

选中此控件，单击鼠标下拉菜单中执行"控件属性"命令，弹出控件属性对话框，如图6-32所示。

历史趋势曲线属性窗口分为五个属性页：曲线属性页、标系属性页、置打印选项属性页、警区域选项属性页、标配置选项属性页。

① 曲线属性页：在此属性页中您可以利用"增加"按钮添加历史曲线变量，并设置曲线的采样间隔（即：在历史曲线窗口中绘制一个点的时间间隔）。

单击此属性页中的"增加"按钮弹出"增加曲线图"对话框，设置如图6-33所示。

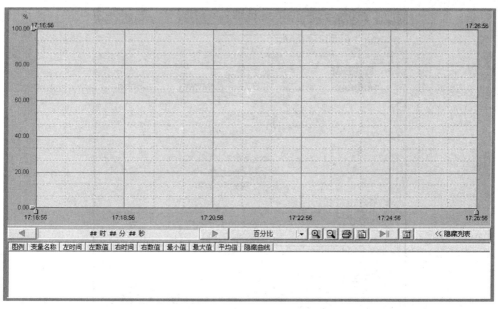

图 6-31 历史趋势曲线窗口

图 6-32 历史趋势曲线控件属性对话框

图 6-33 增加历史曲线对话框

② 坐标系属性页：历史曲线控件中的"坐标系属性页"对话框，如图 6-34 所示。

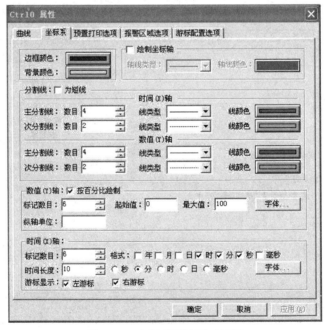

图 6-34 坐标系属性页对话框

在此属性页中您可以设置历史曲线的显示风格如：历史曲线控件背景颜色、坐标轴的显示风格、数据轴、时间轴的显示格式等。在"数据轴"中如果"按百分比显示"被选中后历史曲线变量将按照百分比的格式显示，否则按照实际历史曲线变量。

③ 预置打印选项属性页：历史曲线控件中的"预置打印选项"对话框，如图 6-35 所示。

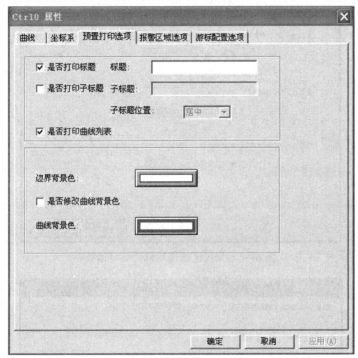

图 6-35　预置打印选项属性页对话框

在此属性页您还可以设置历史曲线控件的打印格式及打印的背景颜色。

④ 报警区域选项属性页：历史曲线控件中的"报警区域选项属性页"对话框，如图 6-36 所示。

在此属性页中您可以设置历史曲线窗口中报警区域显示的颜色，包括：高高限报警区的颜色、高限报警区的颜色、低限报警区的颜色和低低限报警区的颜色显示范围。通过报警区颜色的设置使你对变量的报警情况一目了然。

⑤ 游标配置选项属性页：历史曲线控件中的"游标配置选项属性页"对话框，如图 6-37 所示。

上述属性可由用户根据实际情况进行设置。

（4）单击"确定"按钮完成历史阶段曲线控件编辑工作。

（5）单击"文件"菜单中的"全部存"命令，保存您已作的设置。

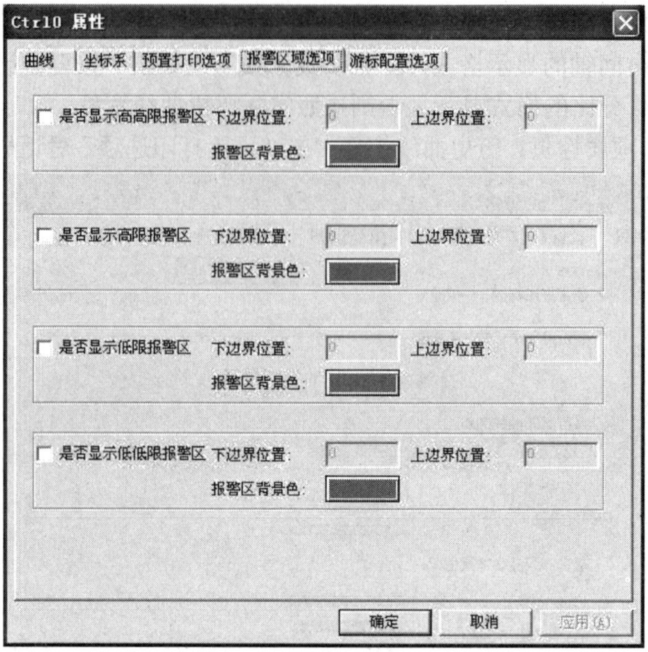


图 6–36　报警区域选项属性页对话框

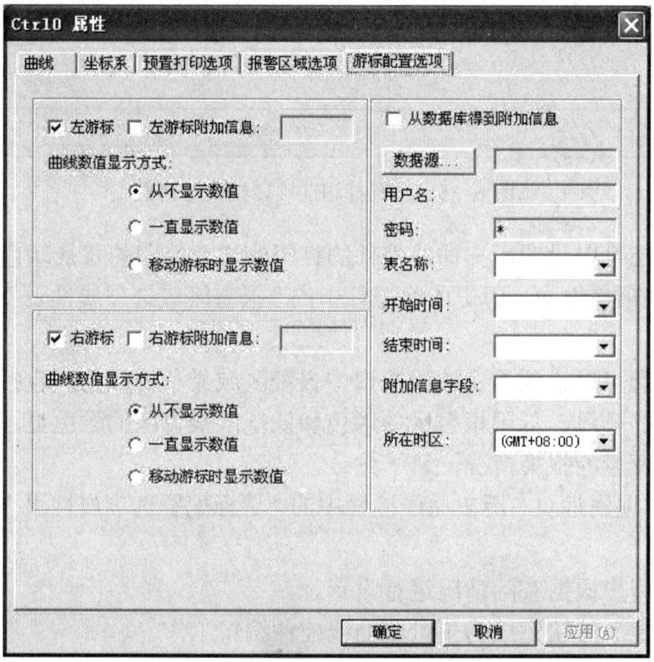


图 6–37　游标配置选项属性页对话框

（6）单击"文件"菜单中的"切换到 VIEW"命令，进入运行系统。系统默认运行的画面可能不是您刚刚编辑完成的"历史趋势曲线画面"，您可以通过运行界面中"画面"菜单中的"打开"命令将其打开后方可运行，如图 6-38 所示。

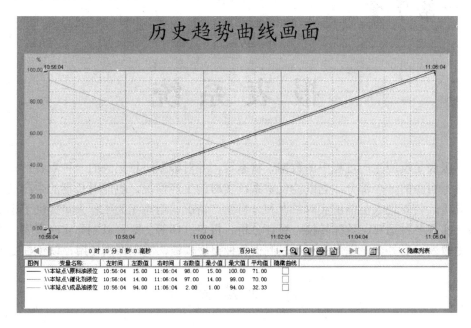

图 6-38　运行中的历史趋势曲线控件

# 第7章

# 报 表 系 统

数据报表是反应生产过程中的数据、状态等,并对数据进行记录的一种重要形式。是生产过程必不可少的一个部分。它既能反映系统实时的生产情况,也能对长期的生产过程进行统计、分析,使管理人员能够实时掌握和分析生产情况。组态王为工程人员提供了丰富的报表函数,实现各种运算、数据转换、统计分析、报表打印等。既可以制作实时报表,也可以制作历史报表。另外,工程人员还可以制作各种报表模板,实现多次使用,以免重复工作。

## 7.1 创 建 报 表

**1. 创建报表窗口**

进入组态王开发系统,创建一个新的画面,在组态王工具箱按钮中,用鼠标左键单击"报表窗口"按钮,此时,鼠标箭头变为小"+"字形,在画面上需要加入报表的位置按下鼠标左键,并拖动,画出一个矩形,松开鼠标键,报表窗口创建成功,如图7-1所示。鼠标箭头移动到报表区域周边,当鼠标形状变为双"+"字形箭头时,按下左键,可以拖动表格窗口,改变其在画面上的位置。将鼠标挪到报表窗口边缘带箭头的小矩形上,这时鼠标箭头形状变为与小矩形内箭头方向相同,按下鼠标左键并拖动,可以改变报表窗口的大小。当在画面中选中报表窗口时,会自动弹出报表工具箱,不选择时,报表工具箱自动消失。

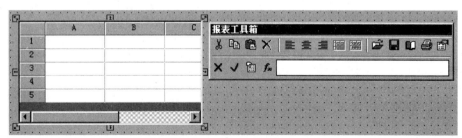

图7-1 创建后的报表窗口

2. 配置报表窗口的名称及格式套用

组态王中每个报表窗口都要定义一个唯一的标识名，该标识名的定义应该符合组态王的命名规则，标识名字符串的最大长度为 31。

用鼠标双击报表窗口的灰色部分（表格单元格区域外没有单元格的部分），弹出"报表设计"对话框，如图 7-2 所示。该对话框主要设置报表的名称、报表表格的行列数目以及选择套用表格的样式。

"报表设计"对话框中各项的含义为：

报表名称：在"报表控件名"文本框中输入报表的名称，如"Report1"。

表格尺寸：在行数、列数文本框中输入所要制作的报表的大致行列数（在报表组态期间均可以修改）。默认为 5 行 5 列，行数最大值为 2 000 行，列数最大值为 52 列。

套用报表格式：用户可以直接使用已经定义的报表模板，而不必再重新定义相同的表格格式。单击"表格样式"按钮，弹出"报表自动调用格式"对话框，如图 7-3 所示。如果用户已经定义过报表格式的话，则可以在左侧的列表框中直接选择报表格式，而在右侧的表格中可以预览当前选中的报表的格式。套用后的格式用户可按照自己的需要进行修改。在这里，用户可以对报表的套用格式列表进行添加或删除。

图 7-2 "报表设计"对话框　　　　图 7-3 "报表自动套用格式"对话框

添加报表套用格式：单击"请选择模板文件"后的"…"按钮，弹出文件选择对话框，用户选择一个自制的报表模板（*.rtl 文件），单击"打开"，报表模板文件的名称及路径显示在"请选择模板文件"文本框中。在"自定义格式名称："文本框中输入当前报表模板被定义为表格格式的名称，如"格式 1"。单击"添加"按钮将其加入到格式列表框中，供用户调用。

删除报表套用格式：从列表框中选择某个报表格式，单击"删除"按钮，即可删除不需要的报表格式，删除套用格式不会删除报表模板文件。

预览报表套用格式：在格式列表框中选择一个格式项，则其格式显示在右边的表格框中。

定义完成后，单击"确认"完成操作，单击"取消"取消当前的操作。"套用报表格式"可以将常用的报表模板格式集中在这里，供随时调用，而不必在使用时再去一个个的查找模板。

套用报表格式的作用类似于报表工具箱中的"打开"报表模板功能，二者都可以在报表组态期间进行调用。

## 7.2 报表组态

**1. 认识报表工具箱与快捷菜单**

报表创建完成后，呈现出的是一张空表或有套用格式的报表，还要对其进行加工报表组态。报表的组态包括设置报表格式、编辑表格中显示内容等。进行这些操作需通过"报表工具箱"中的工具或单击鼠标右键弹出的快捷菜单来实现，如图7-4所示。

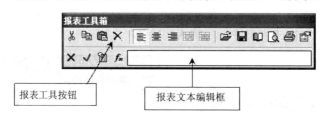

图7-4　报表工具箱和快捷菜单

当将鼠标放在相应的工具按钮上面时，报表工具箱中的按钮的含义即可显示出来，其中大部分按钮功能与Microsoft Excel的工具按钮功能相同，在此不再详细说明，主要针对以下几个不同的按钮进行说明。

输入按钮：将报表工具箱中文本编辑框的内容输入到当前单元格中，当把要输入到某个单元格中的内容写到报表工具箱中的编辑框时，必须单击该按钮才能将文本输入到当前单元格中。当用户选中一个已经有内容的单元格时，单元格的内容会自动出现在报表工具箱的编辑框中。需要注意的是在单元格中输入组态王变量、引用函数或公式时必须在其前加"="。

插入组态王变量按钮：单击该按钮，弹出组态王变量选择对话框。例如要在报表单元格中显示"$时间"变量的值，首先在报表工具箱的编辑栏中输入"="号，然后选择该按钮，在弹出的变量选择器中选择该变量，单击"确定"关闭变量选择对话框，这时报表工具箱编辑栏中的内容为"=$时间"，单击工具箱上的"输入"按钮，则该表达式被输入到当前单元格中，运行时，该单元格显示的值能够随变量的变化随时自动刷新。

插入报表函数按钮：单击该按钮弹出报表内部函数选择对话框，如图7-5所示。

## 2. 报表的其他快捷编辑方法

报表的其他编辑方法有：

（1）鼠标左键单击某单元格为选择焦点单元格，单元格上有黑框显示。

（2）鼠标左键单击某个单元格后拖动则为选择多个单元格,区域的左上角为当前单元格。

（3）在焦点单元格上按下鼠标左键，然后拖动鼠标到目标单元格，则为把已选择的单元格的内容剪切到指定的单元格。在该过程中按住 Ctrl 键则为复制单元格内容。

（4）鼠标左键单击固定行或固定列（报表中标识行号列标的灰色单元格）为选择整行或整列。单击报表左上角的灰色固定单元格为全选报表单元格。

图 7-5 报表内部函数选择对话框

（5）单击报表左上角的固定单元格为选择整个报表。

（6）允许在获得焦点的单元格直接输入文本。用鼠标左键单击单元格或双击单元格使输入光标位于该单元格内,输入字符。按下回车键或鼠标左键单击其他单元格为确认输入，<Esc>键取消本次输入。

图 7-6 "设置单元格格式"对话框

（7）允许通过鼠标拖动改变行高、列宽。将鼠标移动到固定行或固定列之间的分割线上，鼠标形状变为双向黑色尖头时，按下鼠标左键，拖动，修改行高、列宽。

（8）单元格文本的第一个字符若为"="，则其他的字符为组态王的表达式，该表达式允许由已定义的组态王的变量、函数、报表单元格名称等组成；否则为字符串。

## 3. 设置报表格式

在报表工具箱中单击"设置单元格格式"按钮或在菜单中选择"设置单元格格式"项，弹出"设置单元格格式"对话框，如图 7-6 所示。

"设置单元格格式"对话框包括数字、字体、对齐、边框、图案等五个属性页。

## 7.3 报表函数

报表在运行系统中单元格中数据的计算、报表的操作等都是通过组态王提供的一整套报表函数实现的。报表函数分为报表内部函数、报表单元格操作函数、报表存取函数、报表历史数据查询函数、统计函数、报表打印函数等。

1. 报表内部函数

报表内部函数是指只能在报表单元格内使用的函数，有数学函数、字符串函数、统计函数等。其基本上都是来自于组态王的系统函数，使用方法相同，只是函数中的参数发生了变化，减少了用户的学习量，方便学习和使用。

2. 报表的单元格操作函数

运行系统中，报表单元格是不允许直接输入的，所以要使用函数来操作。单元格操作函数是指可以通过命令语言来对报表单元格的内容进行操作，或从单元格获取数据的函数，这些函数大多只能用在命令语言中。

1）设置单个单元格数值

Long nRet = ReportSetCellValue(String szRptName, long nRow, long nCol, float fValue)

函数功能：将指定报表的指定单元格设置为给定值。

返回值：整型　　0——成功

　　　　　　　　−1——行列数小于等于零

　　　　　　　　−2——报表名称错误

　　　　　　　　−3——设置值失败

参数说明：szRptName：报表名称

　　　　　Row：要设置数值的报表的行号（可用变量代替）

　　　　　Col：要设置数值的报表的列号（这里的列号使用数值，可用变量代替）

　　　　　Value：要设置的数值

2）设置单个单元格文本

Long nRet = ReportSetCellString(String szRptName, long nRow, long nCol, String szValue)

函数功能：将指定报表的指定单元格设置为给定字符串。

返回值：整型　　0——成功；

　　　　　　　　−1——行列数小于等于零

　　　　　　　　−2——报表名称错误

　　　　　　　　−3——设置文本失败

参数说明：szRptName：报表名称

　　　　　Row：要设置数值的报表的行号（可用变量代替）

Col：要设置数值的报表的列号（这里的列号使用数值，可用变量代替）

Value：要设置的文本

3）设置多个单元格数值

Long nRet = ReportSetCellValue2(String szRptName, long nStartRow, long nStartCol, long nEndRow, long nEndCol, float fValue)

函数功能：将指定报表的指定单元格区域设置为给定值。

返回值：整型　　0——成功

　　　　　　　　–1——行列数小于等于零

　　　　　　　　–2——报表名称错误

　　　　　　　　–3——设置值失败

参数说明：szRptName：报表名称

StratRow：要设置数值的报表的开始行号（可用变量代替）

StartCol：要设置数值的报表的开始列号（这里的列号使用数值，可用变量代替）

EndRow：要设置数值的报表的结束行号（可用变量代替）

EndCol：要设置数值的报表的结束列号（这里的列号使用数值，可用变量代替）

Value：要设置的数值

4）设置多个单元格文本

Long nRet = ReportSetCellString2(String szRptName, long nStartRow, long nStartCol, long nEndRow, long nEndCol, String szValue)

函数功能：将指定报表指定单元格设置为给定字符串。

返回值：整型　　0——成功

　　　　　　　　–1——行列数小于等于零

　　　　　　　　–2——报表名称错误

　　　　　　　　–3——设置文本失败

参数说明：szRptName：报表名称

StartRow：要设置数值的报表的开始行号（可用变量代替）

StartCol：要设置数值的报表的开始列号（这里的列号使用数值，可用变量代替）

StartRow：要设置数值的报表的开始行号（可用变量代替）

StartCol：要设置数值的报表的开始列号（这里的列号使用数值，可用变量代替）

Value：要设置的文本

5）获得单个单元格数值

float fValue = ReportGetCellValue(String szRptName, long nRow, long nCol)

函数功能：获取指定报表的指定单元格的数值。

返回值：实型

参数说明：szRptName：报表名称

　　　　　　Row：要获取数据的报表的行号（可用变量代替）

　　　　　　Col：要获取数据的报表的列号（这里的列号使用数值，可用变量代替）

6）获得单个单元格文本

String szValue = ReportGetCellString(String szRptName, long nRow, long nCol,)

函数功能：获取指定报表的指定单元格的文本。

返回值：字符串型

参数说明：szRptName：报表名称

　　　　　　Row：要获取文本的报表的行号（可用变量代替）

　　　　　　Col：要获取文本的报表的列号（这里的列号使用数值，可用变量代替）

7）获取指定报表的行数

Long nRows = ReportGetRows(String szRptName)

函数功能：获取指定报表的行数

参数说明：szRptName：报表名称

8）获取指定报表的列数

Long nCols = ReportGetColumns(String szRptName)

函数功能：获取指定报表的行数

参数说明：szRptName：报表名称

3．存取报表函数

存取报表函数主要用于存储指定报表和打开查阅已存储的报表。用户可利用这些函数保存和查阅历史数据、存档报表。

1）存储报表

Long nRet = ReportSaveAs(String szRptName, String szFileName)

函数功能：将指定报表按照所给的文件名存储到指定目录下。

参数说明：szRptName：报表名称

　　　　　　szFileName：存储路径和文件名称

返回值：返回存储是否成功标志　　0——成功

2）读取报表

Long nRet = ReportLoad(String szRptName, String szFileName)

函数功能：将指定路径下的报表读到当前报表中来。

参数说明：szRptName：报表名称

　　　　　　szFileName：报表存储路径和文件名称

返回值：返回存储是否成功标志　　0——成功

4. 报表统计函数

1) Average

函数功能：对指定单元格区域内的单元格进行求平均值运算，结果显示在当前单元格内。

使用格式：=Average（'单元格区域'）

2) Sum

函数功能：将指定单元格区域内的单元格进行求和运算，显示到当前单元格内。单元格区域内出现空字符、字符串等都不会影响求和。

使用格式：=Sum（'单元格区域'）

5. 报表历史数据查询函数

报表历史数据查询函数将按照用户给定的起止时间和查询间隔，从组态王历史数据库中查询数据，并填写到指定报表上。

1) ReportSetHistData()

ReportSetHistData (String szRptName, String szTagName, Long nStartTime, Long nSepTime, String szContent)；

函数功能：按照用户给定的参数查询历史数据

参数说明：szRptName：要填写查询数据结果的报表名称

szTagName：所要查询的变量名称

StartTime：数据查询的开始时间，该时间是通过组态王 HTConvertTime 函数转换的以 1970 年 1 月 1 日 8：00：00 为基准的长整型数，所以用户在使用本函数查询历史数据之前，应先将查询起始时间转换为长整型数值。

SepTime：查询的数据的时间间隔，单位为秒

szContent：查询结果填充的单元格区域

需要注意的是当查询的数据行数大于报表设计的行数时，系统将自动将自动添加行数，满足数据填充的需要。

2) ReportSetHistData2()

ReportSetHistData2(StartRow, StartCol)；

函数参数：StartRow：指定数据查询后，在报表中开始填充数据的起始行

StartCol：指定数据查询后，在报表中开始填充数据的起始列

这两个参数可以省略不写（应同时省略），省略时默认值都为 1。

函数功能：使用该函数，不需要任何参数，系统会自动弹出历史数据查询对话框，如图 7-7 所示。

### 6. 报表打印类函数

1）报表打印函数

报表打印函数根据用户的需要有两种使用方法，一种是执行函数时自动弹出"打印属性"对话框，供用户选择确定后，再打印；另外一种是执行函数后，按照默认的设置直接输出打印，不弹出"打印属性"对话框，适用于报表的自动打印。报表打印函数原型为：

ReportPrint2(String szRptName)

或者

ReportPrint2(String szRptName，EV_LONG|EV_ANALOG|EV_DISC)；

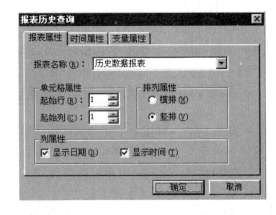

图 7-7　历史数据查询——报表属性页

函数功能：将指定的报表输出到打印配置中指定的打印机上打印。

参数说明：szRptName：要打印的报表名称

EV_LONG|EV_ANALOG|EV_DISC：整型或实型或离散型的一个参数，当该参数不为 0 时，自动打印，不弹出"打印属性"对话框。如果该参数为 0，则弹出"打印属性"对话框。

2）报表页面设置函数

开发系统中可以通过报表工具箱对报表进行页面设置，运行系统中则需要通过调用页面设置函数来对报表进行设置。页面设置函数的原型为：

ReportPageSetup(ReportName)；

函数功能：设置报表页面属性，如纸张大小，打印方向、页眉页脚设置等。执行该函数后，会弹出"页面设置"对话框。

参数说明：szRptName：要打印的报表名称

3）报表打印预览函数

运行中当页面设置好以后，可以使用打印预览查看打印后的效果。打印预览函数原型如下：

ReportPrintSetup(ReportName)；

函数功能：对指定的报表进行打印预览

参数说明：szRptName：要打印的报表名称

执行打印预览时，系统会自动隐藏组态王的开发系统和运行系统窗口结束预览后恢复。

## 7.4　套用报表模板

一般情况下，工程中同一行业的报表基本相同或类似。如果工程人员在每做一个工程时，都需要重新制作一个报表,而其中大部分的工作是重复性的,无疑是增大了工作量和开发周期,特别是比较复杂的报表。而利用已有的报表模板,在其基础上做一些简单的修改,将是一个很好的途径,使工作快速、高效的完成。

组态王在开发和运行系统中都提供了报表的保存功能,即将设计好的报表或保存有数据的报表保存为一个模板文件(扩展名为.rtl),工程人员需要相似的报表时,只需先建立一个报表窗口,然后在报表工具箱中直接打开该文件,则原保存的报表便被加载到了工程里来。如果不满意,还可以直接修改或换一个报表模板文件加载。

图 7-8  使用报表工具箱套用模板

套用报表模板时,有两种方式,第一种是使用报表工具箱上的"打开"按钮,如图 7-8 所示,系统会弹出文件选择对话框,在其中选择已有的模板文件(*.rtl),打开后,当前报表窗口便自动套用了选择的模板格式。

第二种方法是使用"报表设计"中的"表格样式",首先建立一些常用的格式,然后在使用时,直接选择表格样式即可自动套用模板。

## 7.5 制作实时数据报表

实时数据报表主要是来显示系统实时变量值的变化情况。除了在表格中实时显示变量的值外,报表还可以按照单元格中设置的函数、公式等实时刷新单元格中的数据。在单元格中显示变量的实时数据一般有两种方法。

1. 单元格中直接引用变量

在报表的单元格中直接输入"=变量名",既可在运行时在该单元格中显示该变量的数值,当变量的数据发生变化时,单元格中显示的数值也会被实时刷新。如图 7-9 所示,例如在单元格"B4"中要实时显示当前的登录"用户名",在"B4"单元格中直接输入"=\\本站点\$用户名",切换到运行系统后,该单元格中便会实时显示登录的用户的名称,如"系统管理员"登录,则会显示"系统管理员"。

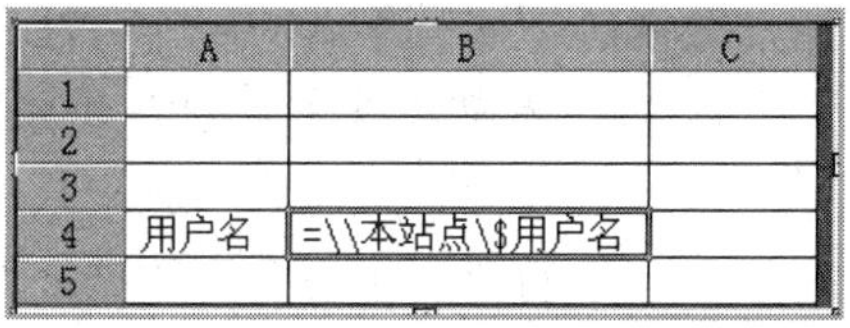

图 7-9  直接引用变量

这种方式适用于表格单元格中的显示固定变量的数据。如果单元格中要显示不同变量的数据或值的类型不固定,则最好选择单元格设置函数。

2. 使用单元格设置函数

如果单元格中显示的数据来自于不同的变量,或值的类型不固定时,最好使用单元格设置函数。当然,显示同一个变量的值也可以使用这种方法。单元格设置函数有:ReportSetCellValue()、ReportSetCellString()、ReportSetCellValue2()、ReportSetCellString2()。也可以在数据改变命令语言中使用 ReportSetCellString（）函数设置数据，如图 7-10 所示。这样当系统运行时，用户登录后，用户名就会被自动填充指定单元格中。

图 7-10　使用单元格设置函数

## 7.6　制作历史数据报表

历史报表记录了以往的生产记录数据，对用户来说是非常重要的。历史报表的制作根据所需数据的不同有不同的制作方法，这里介绍两种常用的方法。

1. 向报表单元格中实时添加数据

例如要设计一个锅炉功耗记录表，该报表为 8 小时生成一个（类似于班报），要记录每小时最后一刻的数据作为历史数据，而且该报表在查看时应该实时刷新。

对于这个报表就可以采用向单元格中定时刷新数据的方法实现，报表设计如图 7-11 所示。按照规定的时间，在不同的小时里，将变量的值定时用单元格设置函数如 ReportSetCellValue（）设置到不同的单元格中，这时，报表单元格中的数据会自动刷新，而带有函数的单元格也会自动计算结果，当到换班时，保存当前添有数据的报表为报表文件，清除上班填充的数据，继续填充，这样就完成了要求。这样就好比是操作员每小时在记录表上记录一次现场数据，当换班时，由下一班在新的记录表上开始记录一样。

可以另外创建一个报表窗口，在运行时，调用这些保存的报表，查看以前的记录，实现历史数据报表的查询。

| | A | B | C | D | E | F | G | H |
|---|---|---|---|---|---|---|---|---|
| 1 | 系统锅炉房功耗总报表 | | | | | | | |
| 2 | NO!1 | | 报表时间: | =Time($... | | | | |
| 3 | 日期 | 时间 | 1#热水锅炉 | 1#采暖锅炉 | 泵 | 总功耗 | 供电单价(元) | 总电价(元) |
| 4 | | | | | | =sum('c4:j4') | | ='k4'*'g4' |
| 5 | | | | | | =sum('c5:j5') | | ='k5'*'g5' |
| 6 | | | | | | =sum('c6:j6') | | ='k6'*'g6' |
| 7 | | | | | | =sum('c7:j7') | | ='k7'*'g7' |
| 8 | | | | | | =sum('c8:j8') | | ='k8'*'g8' |
| 9 | | | | | | =sum('c9:j9') | | ='k9'*'g9' |
| 10 | | | | | | =sum('c10:j10') | | ='k10'*'g10' |
| 11 | | | | | | =sum('c11:j11') | | ='k11'*'g11' |
| 12 | | | | | | =sum('f4:f11') | | =sum('h4:h11') |
| 13 | 制表单位: | | | | | 值班员: | | |

图 7-11 锅炉功耗报表

这种制作报表的方式既可以作为实时报表观察实时数据，也可以作为历史报表保存。

2. 使用历史数据查询函数

使用历史数据查询函数从组态王记录的历史库中按指定的起始时间和时间间隔查询指定变量的数据。

如果用户在查询时，希望弹出一个对话框，可以在对话框上随机选择不同的变量和时间段来查询数据，最好使用函数 ReportSetHistData2(StartRow, StartCol)。该函数已经提供了方便、全面的对话框供用户操作。但该函数会将指定时间段内查询到的所有数据都填充到报表中来，如果报表不够大，则系统会自动增加报表行数或列数，对于使用固定格式报表的用户来说不太方便，那么可以用下面一种方法。

如果用户想要一个定时自动查询历史数据的报表，而不是弹出对话框，或者历史报表的格式是固定的，要求将查询到的数据添到固定的表格中，多余查询的数据不需要添到表中，这时可以使用函数 ReportSetHistData(ReportName, TagName, StartTime, SepTime, szContent)。使用该函数时，用户需要指定查询的起始时间，查询间隔，和变量数据的填充范围。

组态王报表拥有丰富而灵活的报表函数，用户可以使用报表制作一些数据存储、求和、运算、转换等特殊用法。如将采集到的数据存储在报表的单元格中，然后将报表数据赋给曲线控件来制作一段分析曲线等，既可以节省变量，简化操作，还可重复使用。总之，报表的其他用法还有很多，有待用户按照自己的实际用途灵活使用。

## 7.7 实例——实时和历史数据报表

1. 实时数据报表

1）创建实时数据报表

（1）新建一画面，名称为：实时数据报表画面。
（2）选择工具箱中的 T 工具，在画面上输入文字：实时数据报表。
（3）选择工具箱中的"报表窗口"工具，在画面上绘制一实时数据报表窗口，如图 7–12 所示。

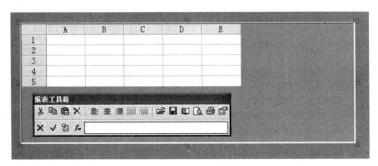

图 7–12  实时数据报表窗口

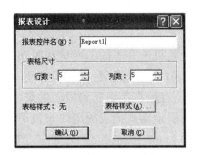

图 7–13  "报表设计"对话框

"报表工具箱"会自动显示出来，双击窗口的灰色部分，弹出"报表设计"对话框，如图 7–13 所示。

对话框设置如下：

报表控件名：Report1

行数：6

列数：10

（4）输入静态文字：选中 A1 到 J1 的单元格区域，执行"报表工具箱"中的"合并单元格"命令并在合并完成的单元格中输入：实时数据报表演示。

利用同样方法输入其他静态文字，如图 7–14 所示。

图 7–14  实时数据报表窗口中的静态文字

（5）插入动态变量：在单元格 B2 中输入：=\\本站点\$日期。（变量的输入可以利用"报表工具箱"中的"插入变量"按钮实现）

利用同样方法输入其他动态变量，如图 7-15 所示。

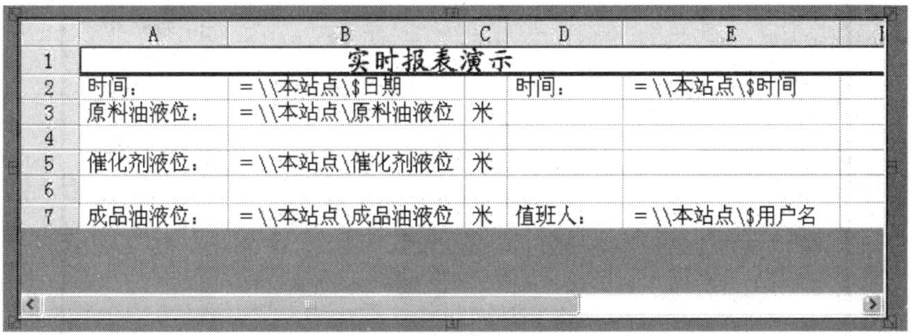

图 7-15　设置完毕的报表窗口

（6）单击"文件"菜单中的"全部存"命令，保存您所作的设置。

（7）单击"文件"菜单中的"切换到 VIEW"命令，进入运行系统。系统默认运行的画面可能不是您刚刚编辑完成的"实时数据报表画面"，您可以通过运行界面中的"画面"菜单中的"打开"命令将其打开后方可运行，如图 7-16 所示。

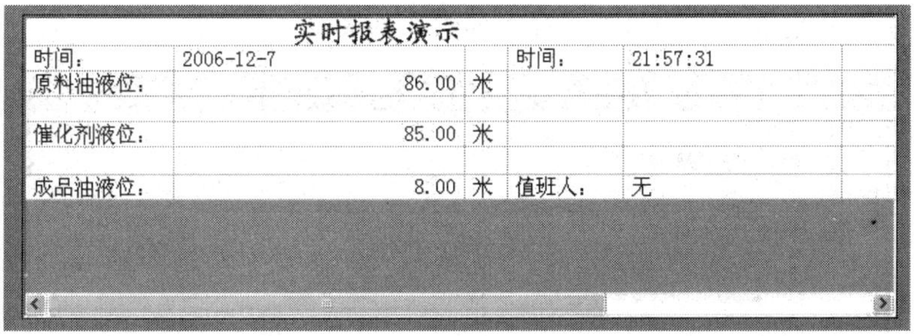

图 7-16　运行中的实时数据报表

2）实时数据报表打印

（1）在"实时数据报表画面"中添加一按钮，按钮文本为：实时数据报表打印。

（2）在按钮的弹起事件中输入如下命令语言，如图 7-17 所示。

（3）单击"确认"按钮关闭命令语言编辑框。当系统处于运行状态时，单击此按钮数据报表将打印出来。

3）实时数据报表的存储

实现以当前时间作为文件名将实时数据报表保存到指定文件夹下的操作过程如下：

（1）在当前工程路径下建立一文件夹：实时数据文件夹。

（2）在"实时数据报表画面"中添加一按钮，按钮文本为：保存实时数据报表。

图 7-17 实时数据报表打印命令语言

（3）在按钮的弹起事件中输入如下命令语言，如图 7-18 所示。

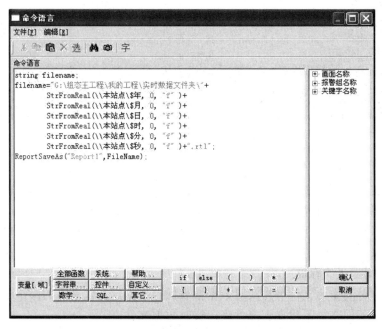

图 7-18 保存实时数据报表命令语言

（4）单击"确认"按钮关闭命令语言编辑框。当系统处于运行状态时，单击此按钮数据报表将以当前时间作为文件名保存实时数据报表。

4）实时数据报表的查询

利用系统提供的命令语言可将实时数据报表以当前时间作为文件名保存在指定的文件夹中，对于已经保存到文件夹中的报表同样可以在组态王中进行查询，下面将介绍一下实时数据报表的查询过程，利用组态王提供的下拉组合框与一报表窗口控件可以实现上述功能。

（1）在工程浏览器窗口的数据词典中定义一个内存字符串变量：

变量名：报表查询变量

变量类型：内存字符串

初始值：空

（2）新建一画面，名称为：实时数据报表查询画面。

（3）选择工具箱中的 T 工具，在画面上输入文字：实时数据报表查询。

（4）选择工具箱中的"报表窗口"工具，在画面上绘制一实时数据报表窗口，控件名称为：Report2。

（5）选择工具箱中的"插入控件"工具，在画面上插入一"下拉式组合框"控件，控件属性设置如图 7-19 所示。

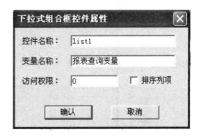

图 7-19 下拉式组合框属性对话框

（6）在画面中单击鼠标右键，在画面属性的命令语言中输入如下命令语言，如图 7-20 所示。

图 7-20 报表文件在下拉框中显示的命令语言

上述命令语言的作用是将已经保存到"G:\组态王工程\我的工程\实时数据文件夹"中的实时报表文件名称在下拉式组合框中显示出来。

（7）在画面中添加一按钮，按钮文本为：实时数据报表查询。

（8）在按钮的弹起事件中输入如下命令语言，如图 7-21 所示。

图 7-21　查询下拉框中选中的文件命令语言

上述命令语言的作用是将下拉式组合框中选中的报表文件的数据显示在 Report2 报表窗口中，其中\\本站\报表查询变量保存了下拉式框中选中的报表文件名。

（9）设置完毕后单击"文件"菜单中的"全部存"命令，保存您所作的设置。

（10）菜单中的"切换到 VIEW"命令，运行此画面。当您单击下拉式组框控件时保存在指定路径下的报表文件全部显示出来，选择任一报表文件名，单击"实时数据报表查询"按钮后此报表文件中的数据或在窗口显示出来，如图 7-22 所示。从而达到了实时数据报表查询的目的。

2. 历史数据报表

1）创建历史数据报表

（1）新建一画面，名称为：历史数据报表画面。

（2）选择工具箱中的 T 工具，在画面上输入文字：历史数据报表。

（3）选择工具箱中的"报表窗口"工具，在画面上绘制一历史数据报表窗口，控件名称为：Report5，并设计表格，如图 7-23 所示。

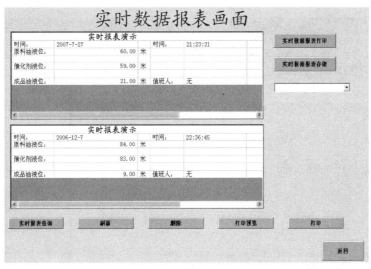

图 7-22 实时数据报表查询

图 7-23 历史数据报表设计

2）历史数据报表查询

利用组态王提供的 ReportSetHistData2 函数可实现历史报表查询功能，设置过程如下。

（1）在画面中添加一按钮，按钮文本为：历史数据表查询。

（2）在按钮的弹起事件中输入命令语言，如图 7-24 所示。

（3）设置完毕后单击"文件"菜单中的"全部存"命令，保存您所作的设置。

（4）单击"文件"菜单中的"切换到 VIEW"命令，运行此画面。单击"历史数据报表查询"按钮，弹出报表历史查询对话框，如图 7-25 所示。

报表历史查询对话框分三个属性页：报表属性页、时间属性页、变量属性页。

报表属性页：在报表属性页中您可以设置报表查询的显示格式，此属性页设置如图 7-25 所示。

图7-24 历史数据报表查询命令语言

时间属性页:在时间属性页中您可以设置查询的起止时间以及查询的时间间隔,如图7-26所示。

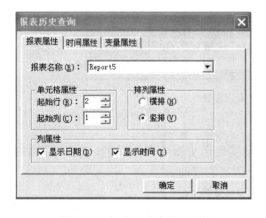

图7-25 报表历史查询对话框

图7-26 报表历史查询窗口中的时间属性页

变量属性页:在属性页中您可以选择欲查询历史的变量,如图7-27所示。

(5)设置完毕后单击"确定"按钮,原料油液位变量的历史数据即可显示在历史数据报表控件中,从而达到了历史数据查询的目的,如图7-28所示。

图 7-27　报表历史查询窗口中的变量属性页

图 7-28　查询历史数据

3）历史数据报表刷新

（1）在历史数据报表窗口，利用报表工具箱中的"保存"按钮将历史数据报表保存成一个报表模板存储在当前工程下（后缀名.rtl）；

（2）在历史数据报表画面中添加一按钮，按钮文本为：历史数据报表刷新。

（3）在按钮的弹起事件中输入如下命令语言，如图 7-29 所示。

图 7-29　历史数据报表刷新命令语言

（4）设置完毕后单击"文件"菜单中的"全部存"命令，保存您所作的设置。

（5）当系统处于运行状态时，单击此按钮显示历史数据报表窗口。

（6）单击"文件"菜单中的"切换到 VIEW 命令，运行此画面如图 7-30 所示。

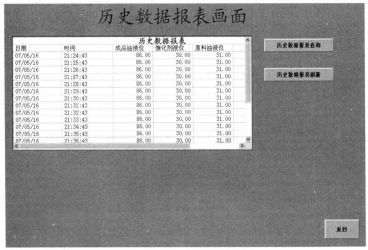

图 7-30　历史数据报表运行画面

4）历史数据报表的其他应用

利用报表窗口工具结合组态王提供的命令语言可实现一个 1 分钟的数据报表，设置过程如下。

（1）新建一画面，名称为：1 分钟数据报表。

（2）选择工具箱中的 T 工具，在画面上输入文字：1 分钟数据报表。

（3）选择工具箱中的"报表窗口"工具，在画面上绘制一报表窗口（63 行 5 列），控件名称为：Report6，并没设计表格，如图 7-31 所示。

图 7-31　分钟数据报表设计

（4）在工程浏览器窗口左侧"工具目录显示区"中选择"命令语言"中的"数据改变命令语言"选项，在右侧"目录内容显示区"中双击"新建"图标，在弹出的编辑框中输入如下脚本语言，如图 7-32 所示。

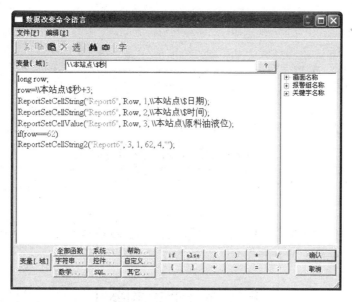

图 7-32　数据改变命令语言

上述命令语言的作用是将\\本站点\原料油液位变量每秒钟的数据自动写入报表控件中。

（5）设置完毕后单击"文件"菜单中的"全部存"命令，保存您所作的设置。

（6）单击"文件"菜单中的"切换到 VIEW 命令，运行此画面。系统自动将数据写入报表控件中，如图 7-33 所示。

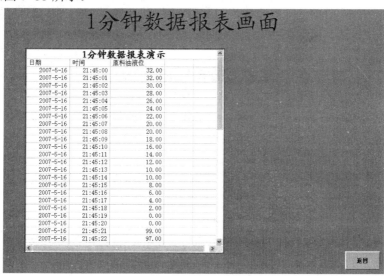

图 7-33　1 分钟数据报表查询

# 第8章

# 报警和事件

为保证工业现场安全生产，报警和事件的产生和记录是必不可少的。"组态王"提供了强有力的报警和事件系统，并且操作方法简单。

## 8.1 关于报警和事件

报警是指当系统中某些量的值超过了所规定的界限时，系统自动产生相应警告信息，表明该量的值已经超限，提醒操作人员。报警允许操作人员应答。

事件是指用户对系统的行为、动作。如修改了某个变量的值，用户的登录、注销，站点的启动、退出等。事件不需要操作人员应答。

组态王中报警和事件的处理方法是：当报警和事件发生时，组态王把这些信息存于内存中的缓冲区中，当缓冲区达到指定数目或记录定时时间到时，系统自动将报警和事件信息进行记录。

## 8.2 报警组的定义

往往在监控系统中，为了方便查看、记录和区别，要将变量产生的报警信息归到不同的组中，即使变量的报警信息属于某个规定的报警组。

报警组是按树状组织的结构，缺省时只有一个根节点，缺省名为 RootNode（可以改成其他名字）。可以通过报警组定义对话框为这个结构加入多个节点和子节点，如图 8-1 所示。

组态王中最多可以定义 512 个节点的报警组。

通过报警组名可以按组处理变量的报警事件，如报警窗口可以按组显示报警事件，记录报警事件也可按组进行，还可以按组对报警事件进行报警确认。

定义报警组后，组态王会按照定义报警组的先后顺序为每一个报警组设定一个 ID 号，在

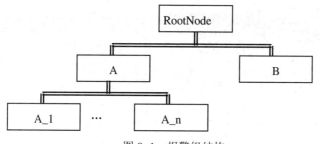

图 8-1 报警组结构

引用变量的报警组域时，系统显示的都是报警组的 ID 号，而不是报警组名称（组态王提供获取报警组名称的函数 GetGroupName( )）。每个报警组的 ID 号是固定的，当删除某个报警组后，其他的报警组 ID 都不会发生变化，新增加的报警组也不会再占用这个 ID 号。

在组态王工程浏览器的目录树中选择"数据库\报警组"，如图 8-2 所示。

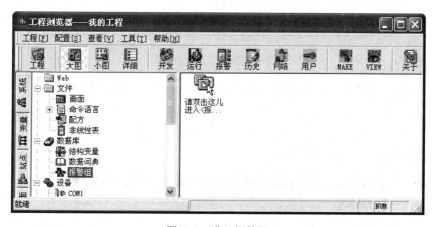

图 8-2 进入报警组

双击右侧的"请双击这儿进入<报警组>对话框"。弹出报警组定义对话框，如图 8-3 所示。
对话框中各按钮的作用是：
<增加>按钮：在当前选择的报警组节点下增加一个报警组节点。
<删除>按钮：删除当前选择的报警组。
<确认>按钮：保存当前修改内容，关闭对话框。
<取消>按钮：不保存修改，关闭对话框。

选中图 8-3 中的"RootNode"报警组，单击<修改>按钮，弹出"修改报警组"对话框，将编辑框中的内容修改为"企业集团"，确认后，"RootNode"报警组名称变为了"企业集团"。

选中"企业集团"报警组，单击<增加>按钮，弹出"增加报警组"对话框，在对话框中输入"反应车间"，确认后，在"企业集团"报警组下，会出现一个"反应车间"报警组节点。

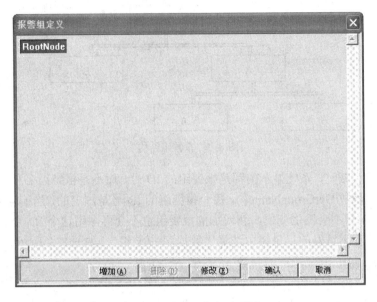

图 8-3 报警组定义对话框

同理,可在"企业集团"报警组下增加一个"炼钢车间"报警组节点。

选中"反应车间"报警组,单击<增加>按钮,在弹出的增加报警组对话框中输入"液位",则在"反应车间"报警组下,会出现一个"液位"报警组节点。

最终报警组定义结果如图 8-4 所示。

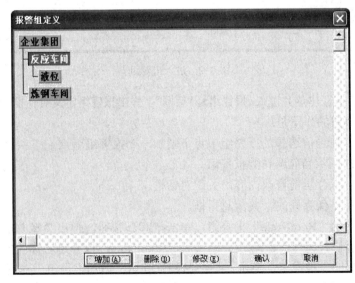

图 8-4 修改和增加后的报警组

## 8.3 定义变量的报警属性

在使用报警功能前,必须先要对变量的报警属性进行定义。组态王的变量中模拟型(包括整型和实型)变量和离散型变量可以定义报警属性,下面一一介绍。

1. 通用报警属性功能介绍

在组态王工程浏览器"数据库/数据词典"中新建一个变量或选择一个原有变量双击它,在弹出的"定义变量"对话框上选择"报警定义"属性页,如图 8-5 所示。

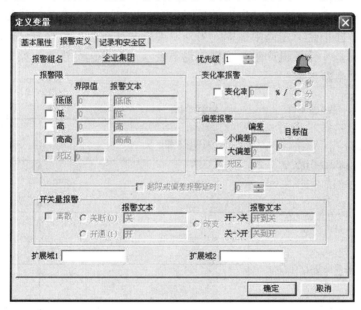

图 8-5 "报警定义"属性

报警属性页可以分为以下几个部分:

(1) 报警组名和优先级选项:单击"报警组名"标签后的按钮,会弹出"选择报警组"对话框,在该对话框中将列出所有已定义的报警组,选择其一,确认后,则该变量的报警信息就属于当前选中的报警组。

(2) 优先级主要是指报警的级别,主要有利于操作人员区别报警的紧急程度。报警优先级的范围为 1~999,1 为最高,999 最低。

(3) 模拟量报警定义区域:如果当前的变量为模拟量,则这些选项是有效的。

(4) 开关量报警定义区域:如果当前的变量为离散量,则这些选项是有效的。

(5) 报警的扩展域的定义:报警的扩展域共有两格,主要是对报警的补充说明、解释。

## 2. 模拟量变量的报警类型

模拟量主要是指整型变量和实型变量,包括内存型和 I/O 型的。模拟型变量的报警类型主要有三种:越限报警、偏差报警和变化率报警。对于越限报警和偏差报警可以定义报警延时和报警死区。

### 1) 越限报警

模拟量的值在跨越规定的高低报警限时产生的报警。越限报警的报警限共有四个:低低限、低限、高限、高高限,其原理图如图 8-6 所示。

在变量值发生变化时,如果跨越某一个限值,立即发生越限报警,某个时刻,对于一个变量,只可能越一种限,因此只产生一种越限报警,例如:如果变量的值超过高高限,就会产生高高限报警,而不会产生高限报警。另外,如果两次越限,就得看这两次越的限是否是同一种类型,如果是,就不再产生新报警,也不表示该报警已经恢复;如果不是,则先恢复原来的报警,再产生新报警。

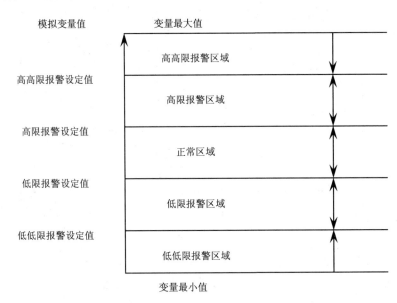

图 8-6 越限报警原理图

越限类型的报警可以定义其中一种,任意几种或全部类型。有"界限值"和"报警文本"两列。

界限值列中选择要定义的越限类型,则后面的界限值和报警文本编辑框变为有效。定义界限值时应该:最小值<=低低限值<低限<高限<高高限<=最大值。在报警文本中输入关于该类型报警的说明文字,报警文本不超过 15 个字符。

### 2) 偏差报警

模拟量的值相对目标值上下波动超过指定的变化范围时产生的报警。偏差报警可以分为小偏差和大偏差报警两种。当波动的数值超出大小偏差范围时，分别产生大偏差报警和小偏差报警，其原理图如图8-7所示。

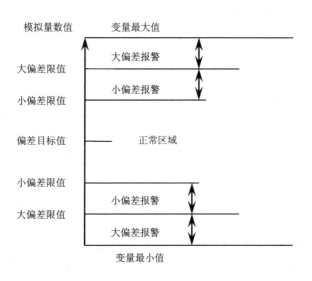

图8-7 偏差报警原理图

偏差报警限的计算方法为：
小偏差报警限=偏差目标值±定义的小偏差
大偏差报警限=偏差目标值±定义的大偏差
大于等于小偏差报警限时，产生小偏差报警
大于等于大偏差报警限时，产生大偏差报警
小于等于小偏差报警限时，产生小偏差报警
小于等于大偏差报警限时，产生大偏差报警
偏差报警在使用时可以按照需要定义一种偏差报警或两种都使用。

变量变化的过程中，如果跨越某个界限值，则立刻会产生报警，而同一时刻，不会产生两种类型的偏差报警。

3）变化率报警

变化率报警是指模拟量的值在一段时间内产生的变化速度超过了指定的数值而产生的报警，即变量变化太快时产生的报警。系统运行过程中，每当变量发生一次变化，系统都会自动计算变量变化的速度，以确定是否产生报警。变化率报警的类型以时间为单位分为三种：%x/秒、%x/分、%x/时。变化率报警的计算公式如下：

（（变量的当前值 − 变量上一次变化的值）×100） / （（变量本次变化的时间 − 变

量上一次变化的时间）×（变量的最大值-变量的最小值）×（报警类型单位对应的值））

其中报警类型单位对应的值定义为：如果报警类型为秒，则该值为 1；如果报警类型为分，则该值为 60；如果报警类型为时，则该值为 3 600。

取计算结果的整数部分的绝对值作为结果，若计算结果大于等于报警极限值，则立即产生报警。变化率小于报警极限值时，报警恢复。

4）报警延时和报警死区

对于越限和偏差报警，可以定义报警死区和报警延时。

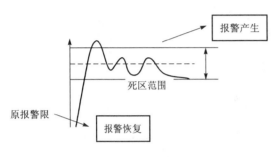

图 8-8　报警死区原理图

报警死区的原理图如图 8-8 所示。报警死区的作用是为了防止变量值在报警限上下频繁波动时，产生许多不真实的报警，在原报警限上下增加一个报警限的阈值，使原报警限界线变为一条报警限带，当变量的值在报警限带范围内变化时，不会产生和恢复报警，而一旦超出该范围时，才产生报警信息。这样对消除波动信号的无效报警有积极的作用。

对于偏差报警死区的定义和使用与越限报警大致相同，这里不在讲述。

报警延时是对系统当前产生的报警信息并不提供显示和记录，而是进行延时，在延时时间到后，如果该报警不存在了，表明该报警可能是一个误报警，不用理会，系统自动清除；如果延时到后，该报警还存在，表明这是一个真实的报警，系统将其添加到报警缓冲区中，进行显示和记录。如果定时期间，有新的报警产生，则重新开始定时。

例：对"液位测量"变量的越限报警进行报警死区的定义，原要求为液位的高高报警值=900，高报警值=750，低报警值=150，低低报警值=50。现在对报警限增加死区，死区值为 5，其定义如图 8-9 所示。

3. 离散型变量的报警类型

离散量有两种状态：1 和 0。离散型变量的报警有三种状态：1 状态报警：变量的值由 0 变为 1 时产生报警；0 状态报警：变量的值由 1 变为 0 时产生报警；状态变化报警：变量的值由 0 变为 1 或由 1 变为 0 时都产生报警。

离散量的报警属性定义如图 8-10 所示。

在"开关量报警"组内选择"离散"选项，三种类型的选项变为有效。定义时，三种报警类型只能选择一种。选择完成后，在报警文本中输入不多于 15 个字符的类型说明。

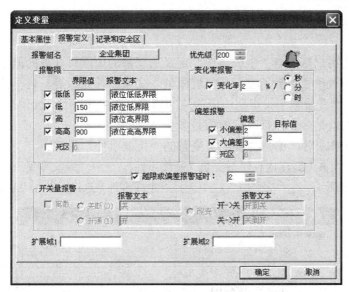

图 8–9 "液位测量"变量的"报警定义"属性

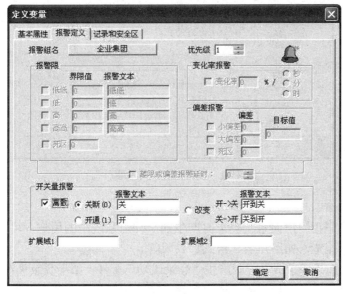

图 8–10 离散型变量的报警属性定义

## 8.4 事件类型及使用方法

事件是不需要用户来应答的。组态王中根据操作对象和方式等的不同，将事件分为以下几类，分别为：操作事件、登录事件、工作站事件和应用程序事件四类。

1. 操作事件

操作事件是指用户修改有"生成事件"定义的变量的值或对其域的值进行修改时，系统产生的事件。如修改重要参数的值，或报警限值、变量的优先级等。这里需要注意的时，同报警一样，字符串型变量和字符串型的域的值的修改不能生成事件。操作事件可以进行记录，使用户了解当时的值是多少，修改后的值是多少。

变量要生成操作事件，必须先要定义变量的"生成事件"属性。

在组态王数据词典中新建内存整型变量"操作事件"，选择"定义变量"的"记录和安全区"属性页，如图 8-11 所示。在"安全区"栏中选择"生成事件"选项，单击"确定"，关闭对话框。

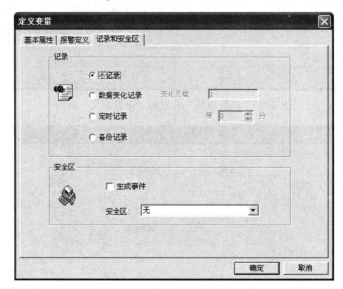

图 8-11　变量定义"生成事件"

2. 用户登录事件

用户登录事件是指用户向系统登录时产生的事件。系统中的用户，可以在工程浏览器——用户配置中进行配置，如用户名、密码、权限等。

用户登录时，如果登录成功，则产生"登录成功"事件；如果登录失败或取消登录过程，则产生"登录失败"事件；如果用户退出登录状态，则产生"注销"事件。

3. 应用程序事件

如果变量是 I/O 变量，变量的数据源为 DDE 或 OPC 服务器等应用程序，对变量定义"生成事件"属性后，当采集到的数据发生变化时，就会产生该变量的应用程序事件。

4. 工作站事件

所谓工作站事件就是指某个工作站站点上的组态王运行系统的启动和退出事件，包括单机和网络。组态王运行系统启动,产生工作站启动事件;运行系统退出,产生退出事件,报警窗中第一条信息为工作站启动事件。

## 8.5 如何记录、显示报警

组态王中提供了多种报警记录和显示的方式,如报警窗、数据库、打印机等。系统提供将产生的报警信息首先保存在一个预定的缓冲区中,报警窗根据定义的条件,从缓冲区中获取符合条件的信息显示。当报警缓冲区满或组态王内部定时时间到时,将信息按照配置的条件进行记录。

1. 报警输出显示:报警窗口

组态王运行系统中报警的实时显示是通过报警窗口实现的。报警窗口分为两类:实时报警窗和历史报警窗。实时报警窗主要显示当前系统中存在的符合报警窗显示配置条件的实时报警信息和报警确认信息,实时报警窗不显示系统中的事件。历史报警窗显示当前系统中符合报警窗显示配置条件的所有报警和事件信息,报警窗口中最大显示的报警条数取决于报警缓冲区大小的设置。

1)报警缓冲区大小的定义

报警缓冲区是系统在内存中开辟的用户暂时存放系统产生的报警信息的空间,其大小是可以设置的。在组态王工程浏览器中选择"系统配置/报警配置",双击后弹出"报警配置属性页",如图8-12所示。报警缓冲区大小设置值按存储的信息条数计算,值的范围为1~10 000。

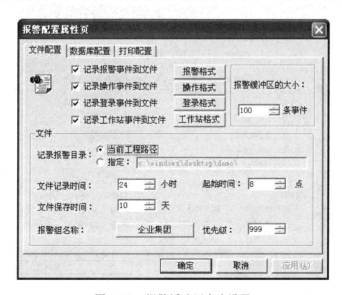

图8-12 报警缓冲区大小设置

2）创建报警窗口

在组态王中新建画面，在工具箱中单击报警窗口按钮，或选择菜单"工具\报警窗口"，鼠标箭头变为单线"十"字形，在画面上适当位置按下鼠标左键并拖动，绘出一个矩形框，当矩形框大小符合报警窗口大小要求时，松开鼠标左键，报警窗口创建成功，如图8-13所示。

图 8-13 报警窗口

3）如何配置实时和历史报警窗

报警窗口创建完成后，要对其进行配置。双击报警窗口，弹出报警窗口配置属性页，首先显示的是通用属性页，如图8-14所示。

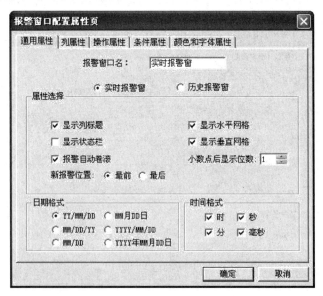

图 8-14 报警窗口配置属性页——通用属性

在该页中如果选择"实时报警窗",则当前窗口将成为实时报警窗;否则,如果选择"历史报警窗",则当前窗口将成为历史报警窗。实时和历史报警窗的配置选项大多数相同。

通用属性页中各选项含义如下:

报警窗口名:定义报警窗口在数据库中的变量登记名。

属性选择:属性选择有七项选项,分别为是否显示列标题、是否显示状态栏、报警自动卷、是否显示水平网格、是否显示垂直网格、小数点后显示位数和新报警出现位置。

日期格式:选择报警窗中日期的显示格式,只能选择一项。

时间格式:选择报警窗中时间的显示格式,即显示时间的哪几个部分。

列属性页配置:

单击报警窗口配置属性页中的"列属性"标签,设置报警窗口的列属性,如图 8-15 所示。

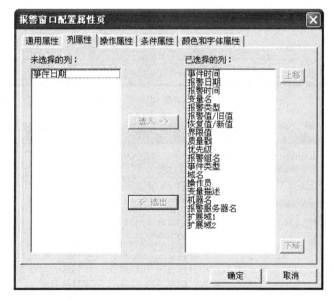

图 8-15 报警窗口配置属性页——列属性

列属性主要配置报警窗口究竟显示哪些列,以及这些列的顺序,这就是所谓的列属性。

操作属性页配置:

单击报警窗口配置属性页中的"操作属性"标签,如图 8-16 所示。用户可以根据需要设置报警窗口的操作属性。

条件属性页配置:

单击报警窗口配置属性页中的"条件属性"标签,设置报警窗口的报警信息显示的过滤条件，如图 8-17 所示。条件属性在运行期间可以在线修改。

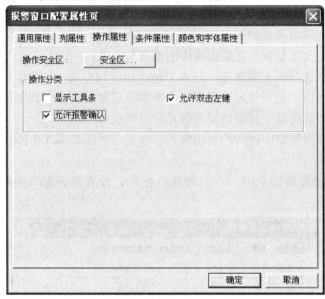

图 8-16  报警窗口配置属性页——操作属性

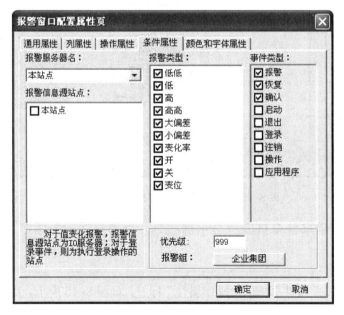

图 8-17  报警窗口配置属性页——条件属性

4）运行系统中报警窗的操作

如果报警窗配置中选择了"显示工具条"和"显示状态栏",则运行时的标准报警窗显示如图 8-18 所示。

图 8-18 运行系统标准报警窗

标准报警窗共分为三个部分:工具条、报警和事件信息显示部分、状态栏。工具箱中按钮的作用为:

☑ 确认报警:在报警窗中选择未确认过的报警信息条,该按钮变为有效,单击该按钮,确认当前选择的报警。

☒ 报警窗暂停/恢复滚动:每单击一次该按钮,暂停/恢复滚动状态发生一次变化。

更改报警类型:更改当前报警窗显示的报警类型的过滤条件。

更改事件类型:更改当前报警窗显示的事件类型的过滤条件。

更改优先级:更改当前报警窗显示的优先级过滤条件。

更改报警组:更改当前报警窗显示的报警组过滤条件。

更改报警信息源:更改当前报警窗显示的报警信息源过滤条件。

本站点 更改当前报警窗显示的报警服务器过滤条件。

状态栏共分为三栏:第一栏显示当前报警窗中显示的报警条数;第二栏显示新报警出现的位置;第三栏显示报警窗的滚动状态。运行系统中的报警窗可以按需要不配置工具条和状态栏。

2. 报警记录输出一:文件输出

系统的报警信息可以记录到文本文件中,用户可以通过这些文本文件来查看报警记录。记录的文本文件的记录时间段、记录内容、保存期限等都可定义。

1)报警配置——文件输出配置

打开组态王工程管理器,在工具条中选择"报警配置",或双击列表项"系统配置/报警配置",弹出报警配置属性页对话框,如图 8-19 所示。

文件配置对话框中各部分的含义是:

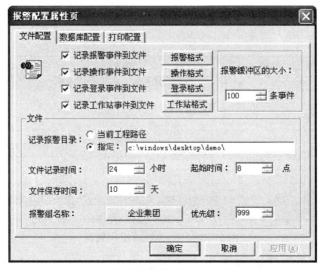

图 8-19 报警配置属性——文件配置

记录内容选择：其中包括"记录报警事件到文件"选项、"记录操作事件到文件"选项、"记录登录事件到文件"选项、"记录工作站事件到文件"选项。

记录报警目录：定义报警文件记录的路径。

当前工程路径：记录到当前组态王工程所在的目录下。

指定：当选择该项时，其后面的编辑框变为有效，在编辑框中直接输入报警文件将要存储的路径。

文件记录时间：报警记录的文件一般有很多个，该项指定没有记录文件的记录时间长度，单位为小时，指定数值范围为 1～24。如果超过指定的记录时间，系统将生成新的记录文件。

起始时间：指报警记录文件命名时的时间（小时数），表明某个报警记录文件开始记录的时间。

报警组名称：选择要记录的报警和事件的报警组名称条件，只有符合定义的报警组及其子报警组的报警和事件才会被记录到文件。

优先级：规定要记录的报警和事件的优先级条件。只有高于规定的优先级的报警和事件才会被记录到文件中。

文件配置完成后，单击确定关闭对话框。

2）通用报警和事件记录格式配置

在规定报警和事件信息输出时，同时可以规定输入的内容和每项内容的长度。这就是格式配置，格式配置在文件输出、数据库输入和打印输出中都相同。

报警格式：如图 8-20 所示。每个选项都有格式或字符长度设置，当选中某一项时，在对话框右侧的列表框中会显示该项的名称，在进行文件记录和实时打印时，将按照列表框中的顺序和列表项；

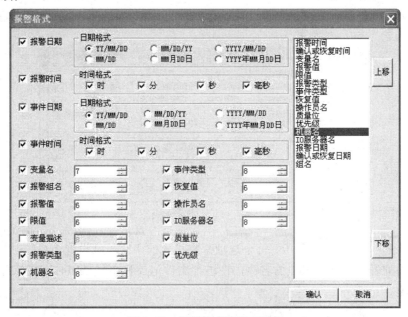

图 8-20 报警格式配置对话框

操作格式：如图 8-21 所示。每个选项都有格式或字符长度设置，当选中某一项时，在对话框右侧的列表框中会显示该项的名称，在进行文件记录和实时打印时，将按照列表框中的顺序和列表项；在数据库记录时，只记录列表框中有的项，没有的项将不被记录。选中列表框中的某一项，单击对话框右侧的"上移"或"下移"按钮，可以移动列表项的位置。

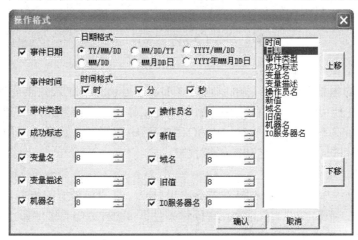

图 8-21 操作格式配置对话框

登录格式：如图 8-22 所示。每个选项都有格式或字符长度设置，当选中某一项时，在对话框右侧的列表框中显示该项的名称，在进行文件记录和实时打印时，将按照列表框中的顺序和列表项。

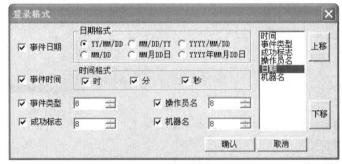

图 8-22 登录格式配置对话框

工作站格式：如图 8-23 所示。每个选项都有格式或字符长度设置，当选中某一项时，在对话框右侧的列表框中显示该项的名称，在进行文件记录和实时打印时，将按照列表框中的顺序和列表项。

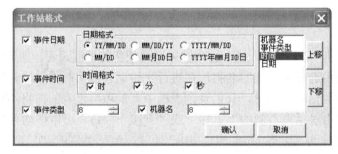

图 8-23 工作站格式配置对话框

3. 报警记录输出二：数据库

组态王产生的报警和事件信息可以通过 ODBC 记录到开放式数据库中，如 Access、SQLServer 等。在使用该功能之前，应该做些准备工作：首先在数据库中建立相关的数据表和数据字段，然后在系统控制面板的 ODBC 数据源中配置一个数据源（用户 DSN 或系统 DSN），该数据源可以定义用户名和密码等权限。

1）定义报警记录数据库

报警输出数据库中的数据表与配置中选项相对应，有四种类型的数据表格，这四种表格的名称为：Alarm（报警事件）、Operate（操作事件）、Enter（登录事件）、Station（工作站事件）。可以按照需要建立相关的表格。

2）报警输出数据库配置

定义好报警记录数据库和定义完 ODBC 数据源后，就可以在组态王中定义数据库输出配置了，如图 8-24 所示。报警配置——数据库配置对话框，用户可以根据需要自行设置。

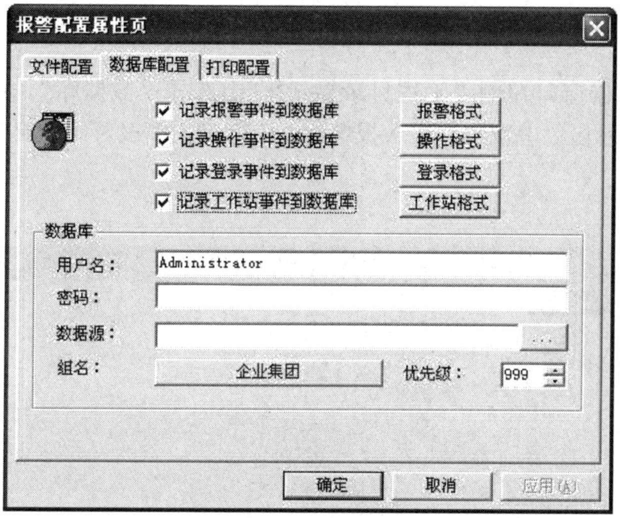

图 8-24 数据库配置

**4. 报警记录输出三：实时打印输出**

组态王产生的报警和事件信息可以通过计算机并口实时打印出来。首先应该对实时打印进行配置，如图 8-25 所示。为报警打印配置对话框，用户可以根据需要选择打印的内容与风格。

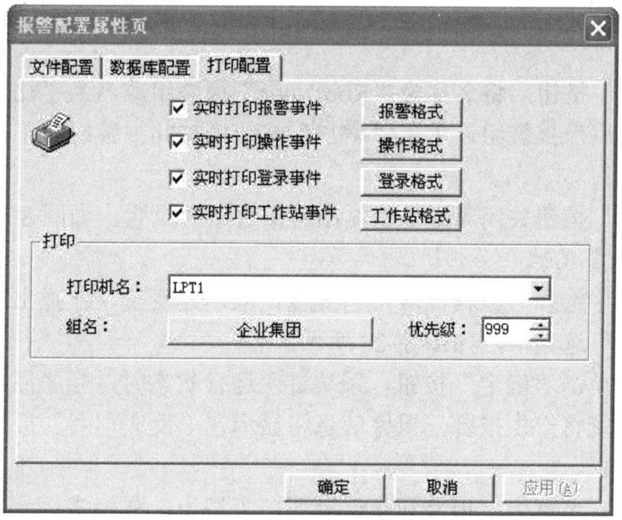

图 8-25 报警打印配置对话框

## 8.6 实例——报警系统

**1. 定义报警组**

（1）在工程浏览器窗口左侧"工程目录显示区"中选择"数据库"中的"报警组"选项，在右侧"目录内容显示区"中双击"进入报警组"图标弹出"报警组定义"对话框，如图 8-26 所示。

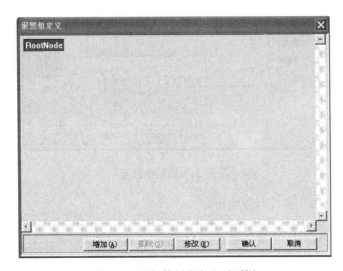

图 8-26 "报警组定义"对话框

（2）单击"修改"按钮，将名称为"RootNode"报警组改名为"化工厂"。

（3）选中"化工厂"报警组，单击"增加"按钮增加此报警组的子报警组，名称为：反应车间。

（4）选中"确认"按钮关闭对话框，结束对报警组的设置，如图 8-27 所示。

**2. 设置变量的报警属性**

（1）在数据词典中选择"原料油液位"变量，双击此变量，在弹出的"定义变量"对话框中单击"报警定义"选项卡，如图 8-28 所示。

（2）设置完毕后单击"确定"按钮，系统进入运行状态时，当"原料油液位"的高度低于 10 或高于 90 时系统将产生报警，报警信息将显示在"反应车间"报警组中。

**3. 建立报警窗口**

（1）新建一画面，名称为：报警和事件画面，类型为：覆盖式。

（2）选择工具箱中的 T 工具，在画面上输入文字：报警和事件画面。

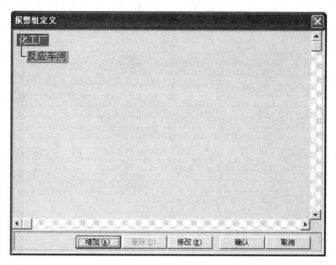

图 8-27 设置完毕的报警组窗口

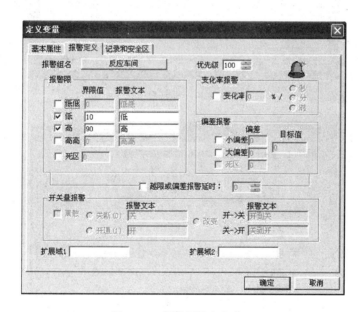

图 8-28 报警属性定义窗口

（3）选择工具箱中的"报警窗口"工具，在画面中绘制一报警窗口，如图 8-29 所示。

（4）双击"报警窗口"对象，弹出报警窗口配置对话框，如图 8-30 所示。

图 8-29 报警窗口

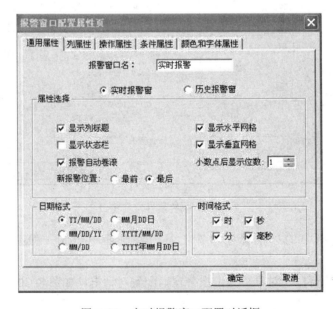

图 8-30 实时报警窗口配置对话框

报警窗口分为五个属性页：通用属性页、列属性页、操作属性页、条件属性页、颜色和字体属性页。

通用属性页：在此属性页中你可以设置窗口的名称、窗口的类型（实时报警窗口或历史报警窗口）、窗口显示属性以及日期和时间显示格式等。需要注意的是报警窗口的名称必须填写，否则运行时将无法显示报警窗口。

列属性页：报警窗口中的"列属性页"对话框，如图 8-31 所示。

在此属性页中你可以设置报警窗口中显示的内容，包括：报警日期时间显示与否、报警变量名称显示与否、报警类型显示与否等等。

操作属性页：报警窗口中的"操作属性页"对话框，如图 8-32 所示。

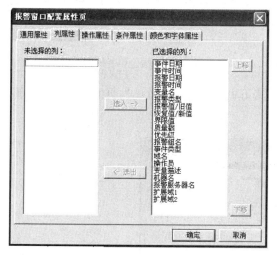

图 8-31　列属性页窗口

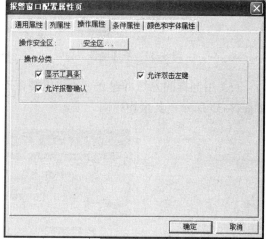

图 8-32　操作属性页窗口

在此属性页中你可以对操作者的操作权限进行设置。单击"安全区"按钮，在弹出的"选择安全区"对话框中选择报警窗口所在的安全区，只登录用户安全区包含报警窗口的操作安全区时，才可执行如下设置的操作，如：双击左键操作、工具条的操作和报警确认的操作。

条件属性页：报警窗口中的"条件属性页"对话框，如图 8-33 所示。

在此属性页中你可以设置哪些类型的报警或事件发生时才在此报警窗口中显示，并设置其优先级和报警组。

颜色和字体属性页：报警窗口中的"颜色和字体属性页"对话框，如图 8-34 所示。

在此属性页中你可以设置报警窗口的各种颜色以及信息的显示颜色。

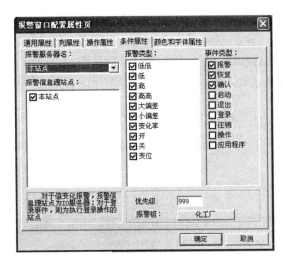 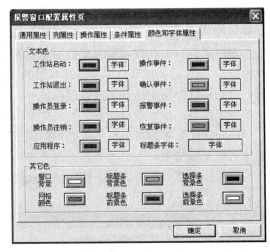

图 8-33　条件属性页窗口　　　　　　图 8-34　颜色和字体属性页窗口

（5）用同样的方法再建立一历史报警窗口，其历史报警窗口配置属性页的通用属性设置，如图 8-35 所示，其余均相同。

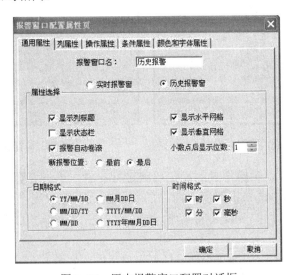

图 8-35　历史报警窗口配置对话框

（6）单击"文件"菜单中的"全部存"命令，保存你所作的设置。

（7）单击"文件"菜单中的"切换到 VIEW"命令，进入运行系统。系统默认运行的画面可能不是你刚刚编辑完成的"报警和事件画面"，你可以通过运行界面中的"画面"菜单中的"打开"命令将其打开后方可运行，如图 8-36 所示。

图 8-36 运行中的报警窗口

# 第 9 章

# 常用控件的应用

组态王内置控件是组态王提供的、只能在组态王程序内使用的控件。这些控件包括：棒图控件、温控曲线、X-Y 曲线、列表框、选项按钮、文本框、超级文本框、AVI 动画播放控件、视频控件、开放式数据库查询控件、历史曲线控件、PID 控件等。

## 9.1 控 件 简 介

**1. 什么是控件**

控件实际上是可重用对象，用来执行专门的任务。每个控件实质上都是一个微型程序，但不是一个独立的应用程序，通过控件的属性、方法等控制控件的外观和行为，接受输入并提供输出。

**2. 控件的功能**

控件在外观上类似于组合图素，工程人员只需把它放在画面上，然后配置控件的属性，进行相应的函数连接，控件就能完成复杂的功能。

当所实现的功能由主程序完成时需要制作很复杂的命令语言，或根本无法完成时，可以采用控件。主程序只需要向控件提供输入，而剩下的复杂工作由控件去完成，主程序无需理睬其过程，只要控件提供所需要的结果输出即可。

**3. 组态王支持的控件**

组态王本身提供很多内置控件，如列表框、选项按钮、棒图、温控曲线、视频控件等，这些控件只能通过组态王主程序来调用，其他程序无法使用，这些控件的使用主要是通过组态王相应控件函数或与之连接的变量实现的。

随着 Active X 技术的应用，Active X 控件也普遍被使用。组态王支持符合其数据类型的 Active X 标准控件。这些控件包括 Microsoft Windows 标准控件和任何用户制作的标准 Active X 控件。这些控件在组态王中被称为"通用控件"。

## 9.2 组态王内置控件

在组态王中加载内置控件，可以单击工具箱中的"插入控件"按钮，或选择画面开发系统中的"编辑/插入控件"菜单。系统弹出"创建控件"对话框，如图 9-1 所示。选择控件图标，单击按钮"创建"，则创建控件；单击"取消"按钮，则取消创建。

1. 立体棒图控件

棒图是指用图形的变化表现与之关联的数据的变化的绘图图表。组态王中的棒图图形可以是二维条形图、三维条形图或饼图。

1）创建棒图控件到画面

如图 9-1 所示，在"创建控件"对话框中选择"趋势曲线"，在右侧的内容中选择"立体棒图"图标，单击对话框上的"创建"按钮，或直接双击"立体棒图"图标，关闭对话框。此时鼠标变成小"十"字形，在画面上拖动鼠标就可创建控件，如图 9-2 所示。

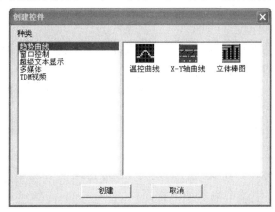

图 9-1　创建控件对话框

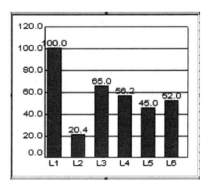

图 9-2　棒图控件

棒图每一个条形图下面对应一个标签 L1、L2、L3、L4、L5、L6 分别和组态王数据库中的变量相对应，当数据库中的变量发生变化时，则与每个标签相对应的条形图的高度也随之动态地发生变化。另外，还可以使用三维条形图和二维饼形图进行数据的动态显示。

2）设置棒图控件的属性

用鼠标双击棒图控件，则弹出棒图控件属性页对话框，如图 9-3 所示。

3）如何使用棒图控件

设置完棒图控件的属性后，就可以准备使用该控件了。棒图控件与变量关联，以及棒图的刷新都是使用组态王提供的棒图函数来完成的。

例如：要在画面上棒图显示变量"原料罐温度"和"反应罐温度"的值的变化。则要先在画面上创建棒图控件，定义控件的属性，如图 9-4 所示。

图 9-3　棒图控件属性设置

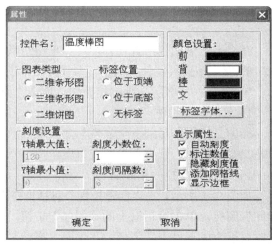

图 9-4　定义棒图属性

在棒图控件上添加两个棒图，一个棒图与变量"原料罐温度"关联，标签为"原料罐"；第二个棒图与变量"反应罐温度"关联，标签为"反应罐"。

在画面上单击右键，在弹出的快捷菜单中选择"画面属性"，在弹出的画面属性对话框中选择"命令语言"按钮，单击"显示时"标签，在命令语言编辑器中，添加如下程序：

chartAdd ( "温度棒图", \\本站点\原料罐温度,"原料罐" );

chartAdd ( "温度棒图", \\本站点\反应罐温度,"反应罐" );

单击画面命令语言编辑器的"存在时"标签，定义执行周期为 1 000 ms。在命令语言编辑器中输入如下程序：

　　chartSetValue ( "温度棒图", 1, \\本站点\原料罐温度);

　　chartSetValue ( "温度棒图", 2, \\本站点\反应罐温度);

关闭命令语言编辑器，保存画面，则运行时打开该画面，如图 9-5 所示。每个 1 000ms 系统会用相关变量的值刷新一次控件，而且控件的数值轴标记随绘制的棒图中最大的一个棒图值的变化而变化（这就是自动刻度）。

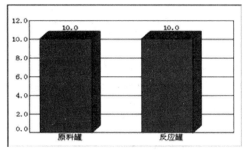

图 9-5　运行时的棒图控件

当画面中的棒图不再需要时，可以使用 chartClear( "ControlName" )函数清除当前的棒图，然后再用 chartAdd( "ControlName", Value, "label" ) 函数重新添加。也可用

chartSetBarColor( "ControlName", barIndex, colorIndex )指条形图的颜色。函数的具体参数及用法请参见《组态王函数手册》。

2. X–Y 轴曲线控件

X–Y 轴曲线可用于显示两个变量之间的数据关系，如电流—转速曲线等形式的曲线。

1）在画面上创建 X–Y 轴曲线

单击工具箱中的"插入控件"按钮或选择菜单命令"编辑\插入控件"，则弹出"创建控件"对话框，在"创建控件"对话框内选择 X–Y 轴曲线控件。

用鼠标左键单击"创建"按钮，鼠标变成"十"字形。然后在画面上画出 X–Y 轴曲线控件，如图 9–6 所示。

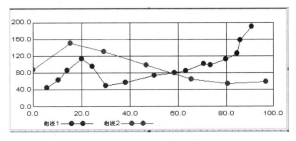

图 9–6  X–Y 轴曲线

在此控件中 X 轴和 Y 轴变量由工程人员任意设定，因此，X–Y 轴曲线能用曲线方式反应任意两个变量之间的函数关系。

2）X–Y 轴曲线属性设置

用鼠标双击 X–Y 轴曲线控件，则弹出"X–Y 轴曲线设置"对话框，用户可根据需要进行设置，如图 9–7 所示。

图 9–7  X–Y 轴曲线属性设置

也可以利用函数 XyAddNewPoint 在指定的 X–Y 轴曲线控件中增加一个数据点。如果需要在画面中一直绘制采集的数据，可以在"命令语言"的"存在时"写入如下语句：
XYAddNewPoint( "XY 曲线", 水温, 热水阀, 1 );
或者是
XYAddNewPoint( "XY 曲线", 30, 20, 1 );
后面这个语句表示在 XY 曲线中索引号为 1 的曲线上添加一个点，该点的坐标值为(30,20)。
绘点的速度可以通过改变"存在时"的执行周期来调整，X-Y 轴曲线最多可以支持 8 条，其他在运行中控制 X-Y 轴曲线的主要功能还包括删除曲线。

3. PID 控件

PID 控件是组态王提供的用于对过程量进行闭环控制的专用控件。通过该控件，用户可以方便的制作 PID 控制。

1）控件功能

实现 PID 控制算法：标准型。显示过程变量的精确值，显示范围[-999999.99~999999.99]。以百分比显示设定值（SP）、实际值（PV）和手动设定值（M）。开发状态下可设置控件的总体属性、设定/反馈范围和参数设定。运行状态下可设置 PID 参数和手动自动切换。

2）使用说明

在使用 PID 控件前，首先要注册此控件，注册方法是在 Windows 系统"开始\运行"输入如下命令"regsvr32  <控件所在路径>\KingviewPid.ocx"，按下"确定"按钮，系统会有注册信息弹出。

在画面中插入控件：在组态王画面菜单中编辑\插入通用控件，或在工具箱中单击"插入通用控件"按钮，在弹出的对话框中选择"Kingview Pid Control"，单击确定。

按下鼠标左键，并拖动，在画面上绘制出表格区域，如图 9-8 所示。

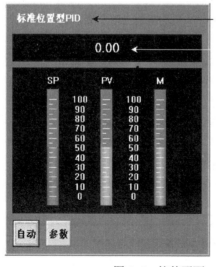

图 9-8　控件画面

## 第9章 常用控件的应用

设置动画连接：双击控件或选择右键菜单中动画连接，弹出动画连接属性对话框，如图 9-9 所示。

常规：设置控件名称、优先级和安全区
属性：设置类型和关联对象，如图 9-10 所示。

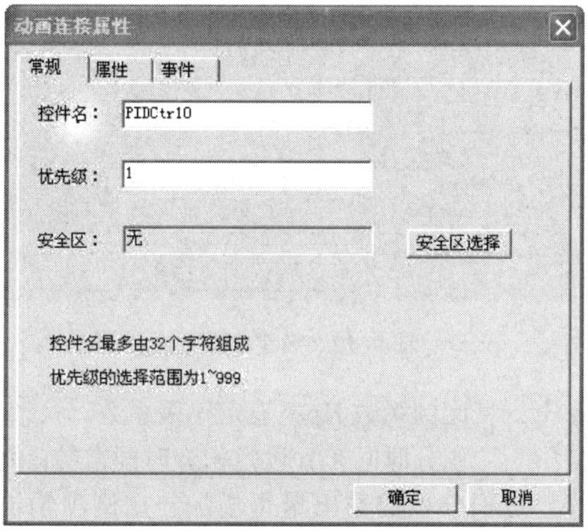

| 属性 | 类型 | 关联变量 |
|---|---|---|
| SP | FLOAT | <->\\本站点\sp |
| PV | FLOAT | <->\\本站点\pv |
| YOUT | FLOAT | <->\\本站点\du |
| Type | LONG | |
| CtrlPeriod | LONG | |
| FeedbackFilter | BOOL | |
| FilterTime | LONG | |
| CtrlLimitHigh | FLOAT | |
| CtrlLimitLow | FLOAT | |
| InputHigh | FLOAT | |
| InputLow | FLOAT | |
| OutputHigh | FLOAT | |
| OutputLow | FLOAT | |
| Kp | FLOAT | |
| Ti | LONG | |
| Td | LONG | |
| Tf | LONG | |
| ReverseEffect | BOOL | |
| IncrementOutput | BOOL | |

图 9-9　动画连接属性—常规　　　　图 9-10　动画连接属性—属性

SP 为控制器的设定值，PV 为控制器的反馈值，YOUT 为控制器的输出值。
Type 为 PID 的类型，CtrlPeriod 为控制周期。
FeedbackFilter 为反馈加入滤波，FillterTime 为滤波时间常数。
CtrlLimitHigh 为控制量高限，CtrlLimitLow 为控制量低限。
InputHigh 为设定值 SP 的高限，InputLow 为设定值 SP 的低限。
OutputHigh 为反馈值 PV 的高限，OutputLow 为反馈值 PV 的低限。
Kp 为比例系数，Ti 为积分时间常数，Td 为微分时间常数。
ReverseEffect 是否反向作用，IncrementOutput 是否增量型输出。

设置控件属性：选择控件右键菜单中"控件属性"。弹出控件固有属性页，如图 9-11 所示。
（1）总体属性。控制周期：PID 的控制周期，为大于 100 的整数。且控制周期必须大于系统的采样周期。
反馈滤波：PV 值在加入到 PID 调节器之前可以加入一个低通滤波器。
输出限幅：控制器的输出限幅。
（2）设定/反馈变量范围，如图 9-12 所示。
输入变量：设定值 sp 对应的最大值（100%）和最小值（0%）的实际值。
输出变量：反馈值 pv 对应的最大值（100%）和最小值（0%）的实际值。

(3）参数选择，如图 9-13 所示。

PID 类型：选择使用标准型

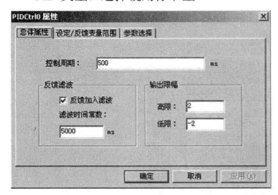

图 9-11　控件固有属性

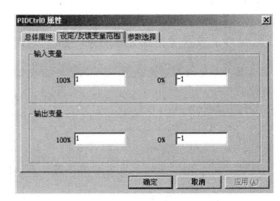

图 9-12　设定/反馈变量范围

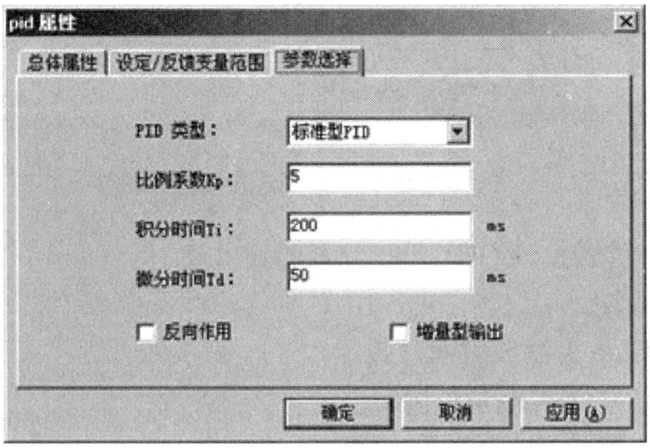

图 9-13　参数选择

比例系数 Kp：设定比例系数。

积分时间 Ti：设定积分时间常数，就是积分项的输出量每增加与比例项输出量相等的值所需要的时间。

微分时间 Td：设定微分时间常数，就是对于相同的输出调节量，微分项超前于比例项响应的时间。

反向作用：输出值取反。

增量型输出：控制器输出为增量型。

（4）运行时的操作。手动/自动，自动时，控制器调节作用投入。手动时，控制器输出为手动设定值经过量程转换后的实际值。

手动值设定（上/下），每次点击手动设定值增加/减少 1%。

（5）运行时的参数设置。标准型 PID 参数：比例系数、积分常数、微分常数，PID 的常规参数。

反向作用：输出值取反。

## 9.3　实例——XY 曲线的制作

下面利用 XY 控件显示原料油罐压力之间的关系曲线，操作过程如下：

（1）新建一画面，名称为：XY 控件画面。

(2)选择工具箱中的 T 工具,在画面上输入文字:XY 控件画面。

(3)单击工具箱中的"插入控件"工具,在弹出的创建控件窗口中双击"趋势曲线"类中的"X-Y 曲线"控件,在画面上绘制 XY 曲线窗口,如图 9-14 所示。

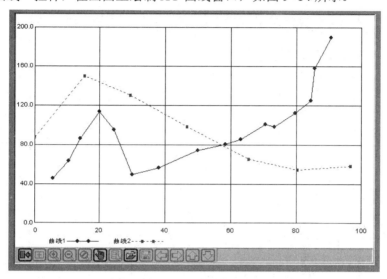

图 9-14 XY 曲线控件窗口

(4)选中并双击此控件属性设置对话框,如图 9-15 所示。

图 9-15 XY 控件属性设置对话框

在此窗口中您可对控件的名称（名称设置为：Ctrl0）及控件窗口的显示风格进行设置。为使 XY 曲线控件实时反应变量值，需要为该控件添加命令语言。在"画面属性"命令语言只输入如下脚本语言，如图 9-16 所示。

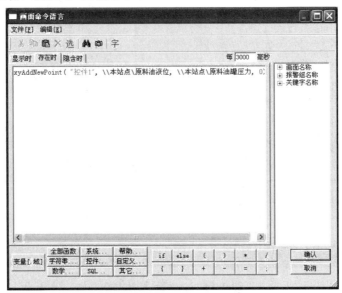

图 9-16　画面属性语言

（5）单击"文件"菜单中的"全部存"命令，保存您所作的设置。

（6）单击"文件"菜单中的"切换到 View"命令，进入运行系统，运行此画面，如图 9-17 所示。

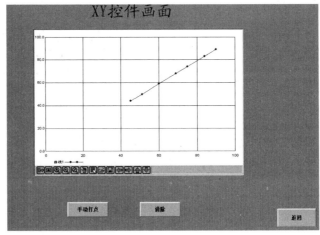

图 9-17　运行中的 XY 控件

# 第 10 章

# 组态王与其他应用程序

组态王 SQL 访问功能是为了实现组态王和其他 ODBC 数据库之间的数据传输。它包括组态王 SQL 访问管理器、如何配置与各种数据库的连接、组态王与数据库连接实例和 SQL 函数的使用。

## 10.1 组态王 SQL 访问管理器

组态王 SQL 访问管理器包括表格模板和记录体两部分功能。当组态王执行 SQLCreateTable(); 指令时，使用的表格模板将定义创建的表格的结构；当执行 SQLInsert();、SQLSelect(); 或 SQLUpdate(); 时，记录体中定义的连接将使组态王中的变量和数据库表格中的变量相关联。

组态王提供集成的 SQL 访问管理。在组态王工程浏览器的左侧大纲项中，可以看到 SQL 访问管理器，如图 10-1 所示。

1. 表格模板

选择工程浏览器左侧大纲项"SQL 访问管理器文件\表格模板"，在工程浏览器右侧用鼠标左键双击"新建"图标，弹出对话框如图 10-2 所示。该对话框用于建立新的表格模板。

例：创建一个表格模板：table1；

定义三个字段：salary（整型）、name（定长字符串型，字段长度：255）、age（整型），如图 10-3 所示。

2. 记录体

记录体用来连接表格的列和组态王数据词典中的变量。选择工程浏览器左侧大纲项"SQL 访问管理器文件\记录体"，在工程浏览器右侧用鼠标左键双击"新建"图标，弹出对话框如图 10-4 所示。该对话框用于建立新的记录体。

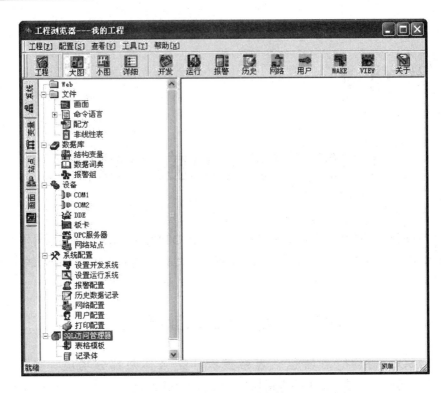

图 10-1 组态王 SQL 访问管理器

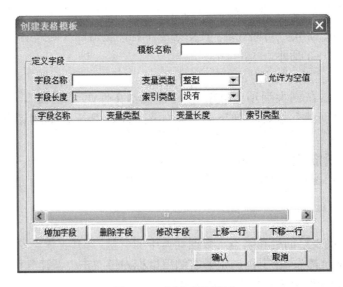

图 10-2 创建表格模板

# 第10章 组态王与其他应用程序

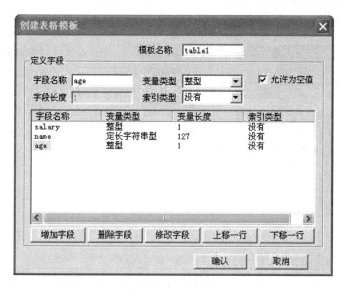

图 10-3 定义表格模板 table1

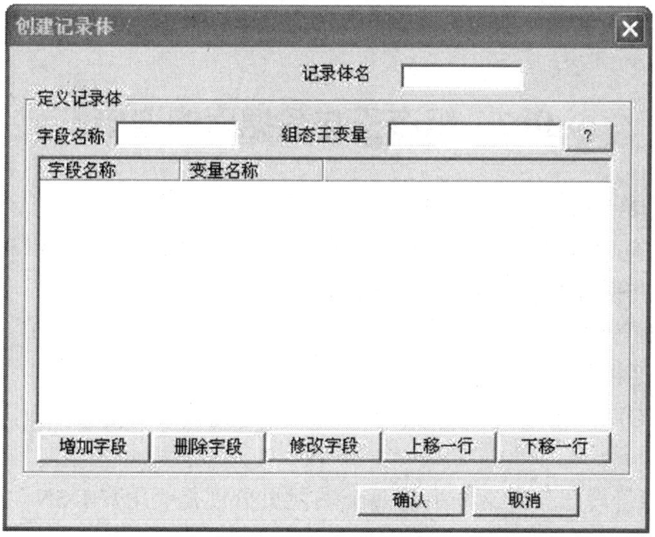

图 10-4 创建记录体

例：创建一个记录体

定义三个组态王变量，分别为：record1（内存实型）、name（内存字符串型）、age（内存整型）；

创建一个记录体：BIND1；

定义三个字段：salary（对应组态王变量 record1）、name（对应组态王变量 name）、age

（对应组态王变量 age），如图 10-5 所示。

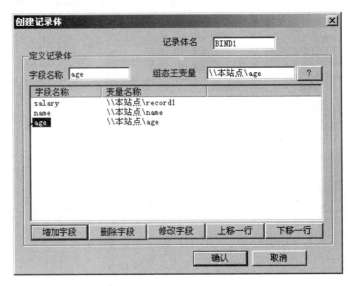

图 10-5　创建记录体 BIND1

## 10.2　组态王与数据库的连接

1. 定义 ODBC 数据源

组态王 SQL 访问功能能够和其他外部数据库（支持 ODBC 访问接口）之间的数据传输。实现数据传输必须在系统 ODBC 数据源中定义相应数据库。

进入"控制面板"中的"管理工具"，用鼠标双击"数据源（ODBC）"选项，弹出"ODBC 数据源管理器"对话框，如图 10-6 所示。

有些计算机的 ODBC 数据源是中文的，有些的是英文的，视机器而定，但是两种的使用方法相同。

"ODBC 数据源管理器"对话框中前两个属性页分别是"用户 DSN"和"系统 DSN"。二者共同点是：在它们中定义的数据源都存储了如何与指定数据提供者再连接的信息，但二者又有所区别。在"用户 DSN"中定义的数据源只对当前用户可见，而且只能用于当前机器上；在"系统 DSN"中定义的数据源对当前机器上所有用户可见，包括 NT 服务。因此用户根据数据库使用的范围进行 ODBC 数据源的建立。

例：以 Microsoft Access 数据库为例，建立 ODBC 数据源。

在机器上 D 盘根目录下建立一个 Microsoft Access 数据库，名称为：SQL 数据库.mdb；

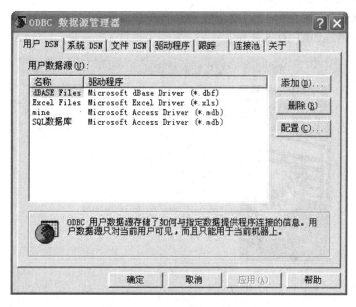

图 10–6　ODBC 数据源管理器

双击"数据源（ODBC）"选项，弹出"ODBC 数据源管理器"对话框，点击"系统 DSN"属性页，如图 10–7 所示。

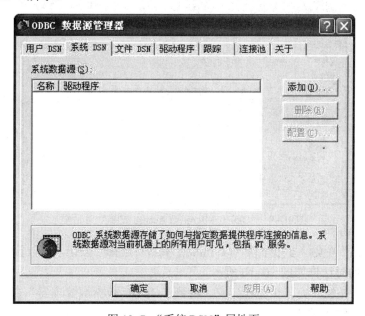

图 10–7　"系统 DSN"属性页

单击右边"增加"按钮,弹出"创建新数据源"窗口,从列表中选择"Microsoft Access Driver（*.mdb）"驱动程序,如图 10–8 所示。

图 10–8　创建新数据源

单击"完成"按钮,进入"ODBC Microsoft Access 安装"对话框,如图 10–9 所示。

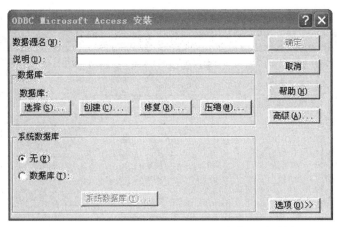

图 10–9　"ODBC Microsoft Access 安装"对话框

在"数据源名"中输入数据源名称:mine;单击"选择"按钮,从计算机上选择数据库,选择好数据库后的对话框如图 10–10 所示。

点击"确定"按钮,完成数据源定义,回到"ODBC 数据源管理器"窗口,点击"确定"关闭"ODBC 数据源管理器"窗口。

完成 Microsoft Access 数据库 ODBC 数据源的定义。其他类型的数据库定义方法类似。

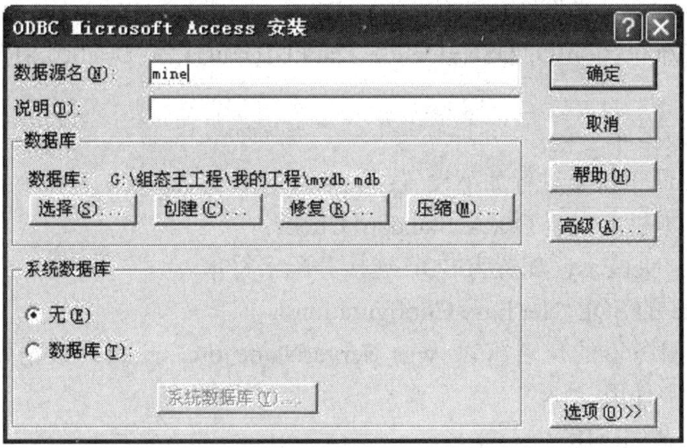

图 10-10 "ODBC Microsoft Access 安装"对话框完成

2. 组态王支持的数据库及配置

1）Oracle6 数据库

Oracle6 支持两种数据。char 类型对应着组态王中的字符串变量，缺省长度为 1。Oracle6 最多支持 255 个字符。number 类型对应着组态王中的整数和实数变量。

为了 Oracle6 通讯需要进行如下设置：

（1）配置你的 Windows 数据库客户。

（2）启动 SQL*Net TSR 和 NETINIT.EXE 程序。

Oracle 数据库可以通过在本地机上安装 Oracle's SQL*Net 来访问。Oracle's SQL Net 包括 SQL*Net TSR 和 NETINIT.EXE 程序，为了和 Oracle 数据库连接，这两个程序都要运行，SQL*Net TSR 必须在运行 Windows 之前在 DOS 环境中运行，NETINIT.EXE 在 Windows 中运行。

（3）通过在组态王命令语言中执行 SQLConnect()函数建立和 Oracle 的连接。

SQLConnect()函数用来和 Oracle 数据库连接。格式如下：

SQLConnect(ConnectionID, "<attribute>=<value>;<attribute>=<value>; …");

下面介绍 Oracle 中使用的属性，如表 10-1 所示。

表 10-1 Oracle 属性表

| 属性 | 值 |
| --- | --- |
| DSN | 微软 ODBC 管理器配置的数据源名字 |
| UID | 用户名 |
| PWD | 密码 |
| SRVR | 指明服务器和数据库 |

例：

SQLConnect(ConnectionID,"DSN=Oracle_Data;UID=asia;PWD=abcd;SRVR=B:MKTG_SRV");

2）Oracle7.2 数据库

为了和 Oracle 通讯需要进行如下设置：

（1）在组态王本机上安装 Oracle Standard Client。

（2）运行 SQL_Net Easy 配置为 SQL 连接分配字符串。

① 启动 Oracle 的 SQL_Net Easy Configuration。

② 缺省下，服务器的化名将以 wgs_ServerName_orcl 开始。数据库的化名在组态王 SQLConnect()函数中使用。

③ 修改化名，单击 OK。

④ 单击 Modify Database Alias Select Network protocol。命名管道是 Oracle 服务器的计算机名。

（3）创建一个数据源名。

① 启动控制面板中的 ODBC。单击"System DSN"属性页。单击"Add"按钮。弹出"Create New Data Source"对话框。

② 选择 Oracle7 ODBC 驱动，然后单击 Finish。ODBC Oracle Driver Setup 将会弹出。在 Data Source Name 框中，键入你的 Oracle 服务器名。

③ 单击 Advanced。使用 ODBC Oracle Advanced Driver Setup 对话框。单击 Close。ODBC Data Source Administrator 对话框将再次出现。

④ 单击确定完成。

（4）使用 SQLConnect()连接。为了登录日期和时间，你必须配置记录体（捆绑表）。

① 在组态王工程浏览器中，单击 SQL 访问管理器中的记录体，将弹出创建记录体对话框。

② 在字段名称栏中，输入 DATE_TIME delim()函数。

③ 在组态王变量栏中，输入你想要捆绑的变量，如图 10–11 所示。

④ 在组态王命令语言中，给 DATE_TIME_TAG 变量赋当前的日期和时间值。

3）SyBase 或 MS SQLServer 数据库

支持三种数据类型。char 类型包含定长的字符串。组态王对应变量需要是字符串，必须指定长度。SyBase 和 SQL Server 支持最长 255 个字符。int 类型对应组态王的整数变量，如果变量长度没有确定，长度将被设置成数据库默认值。float 类型对应组态王的实型变量。无需为这种变量设定长度。

为了和 SyBase 或 Microsoft SQL Server 通讯需要进行如下设置：

（1）配置 Windows 的数据库用户。

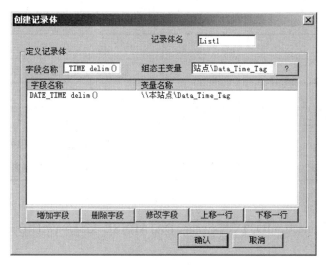

图 10-11　配置记录体

① 打开 Windows 控制面板的 32 位 ODBC 数据源管理器。单击添加，选择 SQL Server，弹出 ODBC SQL Server 配置画面，

② 在 Data Source Name 栏填写数据源名称。在 Server 栏填写数据库 Server 名称。在网络地址中，填写 SQL Server 的访问地址。单击 Option>>，在数据库名栏填写数据库名称，如图 10-12 所示。

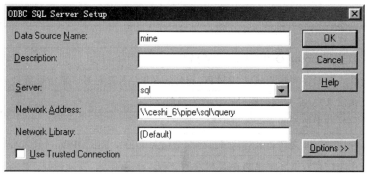

图 10-12　配置 SQL Server 数据库

注意：SQL Server 名称必须和网络上 SQL Server 的名称一致。具体名称通过 SQL Server 管理程序"SQL Enterprise Manager"确认。

（2）使用 SQLConnect()函数连接。

连接格式：SQLConnect(ConnectionID,"<attribute>=<value>;<attribute>=<value>;…");

SyBase 和 SQL Server 用到的属性，如表 10-2 所示。

表 10–2　SyBase 和 SQL Server 属性表

| 属性 | 值 |
| --- | --- |
| DSN | ODBC 中定义的数据源名 |
| UID | 登录 ID 号 |
| PWD | 密码，区分大小写 |
| SRVR | 数据库所在的计算机名 |
| DATABASE | 所要访问的数据库名 |

例如：

SQLConnect(ConnectionID,"DSN=wang; DATABASE=kingivew;UID=user1; PWD= abcd");

4）dBase 数据库

SQL 管理器支持 dBASE 的三种数据类型。char 类型包含定长的字符串，对应组态王中的字符串变量。数据库 dBASE 最大支持 254 个字符。numeric 类型和 float 类型对应组态王中整型或实型变量。必须设定变量长度。格式为十进制宽度。

为了和 dBASE 连接，必须执行 SQLConnect()函数。

格式：SQLConnect(ConnectionID,"<attribute>=<value>; <attribute>=<value>;…");

下面描述 dBASE 的属性，如表 10–3 所示。请注意遵守列出顺序。

表 10–3　dBASE 属性表

| 属性 | 值 |
| --- | --- |
| DSN | 微软 Microsoft ODBC 配置的数据源名 |
| CS | 决定数据存储格式是以 IBM PC 符号还是以 ANSI 符号。缺省设置是 IBMPC |
| DB | 指定 dBASE 存储的路径，缺省为当前路径 |
| FOC | 已打开未使用的文件的最大数 |
| LCK | 决定数据库文件记录访问等级。有效值为 FILE，RECORD，（缺省），NONE |
| CSZ | 用来缓存数据库记录的 64K 模块的个数。此值越大，性能越好。缺省为 4。能够设定的最大值取决于有效的系统内存。 |
| USF | 决定驱动器何时更新数据库。当此值为 1 时，驱动器在每次 COMMIT 时都更新数据库。这将降低系统性能；缺省为 0，这意味着驱动器在文件关闭时更新数据库。但如果机器在文件关闭之前崩溃将使新增加的记录丢失 |
| MS | 本选项决定是否支持先前的 Q+E 软件。MS=0 时支持。缺省为 1 |
| LCOMP | 决定选用 dBASE 兼容的锁定还是 Q+E 兼容的锁定方式 |
| COMP | 提供对 Q+E 软件的向前兼容。COMP=DBASE 则向前兼容；COMP=ANSI 则是简装型 |

5）MS Access 数据库

SQL 访问管理器支持 Access 数据库的五种数据类型。有效的数据类型种类由你所使用的 ODBC 的版本所决定。类型 text 包括定长字符串和组态王中的字符串变量相对应，必须设定参数。Access 数据库最多支持 255 个字符。

为了和 Microsoft Access 连接，必须执行 SQLConnect()函数。

格式：SQLConnect(ConnectionID,"<attribute>=<value>;<attribute>=<value>;…" );

以下介绍 Access 用到的属性，如表 10-4 所示。

表 10-4  Access 属性表

| 属性 | 值 |
|---|---|
| DSN | ODBC 中设置的数据源名称 |

## 10.3 组态王 SQL 使用简介

1. 使组态王与数据库建立连接

使用组态王与数据库进行数据通讯，首先要建立它们之间的连接。下面通过一个实例介绍如何使组态王与数据库建立连接。

例：组态王与 Microsoft Access 数据库建立连接

继续使用"10.2.1 定义 ODBC 数据源"中的例子。在机器上 D 盘根目录下建立的"SQL 数据库.mdb"数据库中建立一个名为 kingview 的表格。在组态王的数据词典里定义新变量，变量名称：DeviceID，变量类型：内存整型；

然后在本机上的 ODBC 数据源中建立一个数据源，比如数据源名为 mine。详细配置请参照"10.2.1 定义 ODBC 数据源"一节。

在组态王工程浏览器中建立一个名为 BIND 的记录体，定义一个字段：name（对应组态王内存字符串变量 name），详细定义请参照"10.1.2 记录体"一节。

连接数据库：新建画面"组态王 SQL 数据库访问"，在画面上作一个按钮，按钮文本为："连接数据库"，在按钮"弹起时"动画连接中使用 SQLConnect()函数和 SQLSelect()函数建立与"mine"数据库进行连接：

SQLConnect( DeviceID, "dsn=mine;uid=;pwd=");
SQLSelect( DeviceID, "kingview", "BIND", "", "");

以上指令执行之后，使组态王与数据库建立了连接。

2. 创建一个表格

组态王与数据库连接成功之后，可以通过组态王操作在数据库中创建表格。下面通过一个实例介绍如何创建一个表格。

例：创建数据库表格

在组态王中创建一个表格模板：table1。定义三个字段：salary（整型）、name（定长字符串型，字段长度：255）、age（整型）。

将上节实例中画面上"连接数据库"按钮"弹起时"动画连接命令语言改为：

SQLConnect( DeviceID, "dsn=mine;uid=;pwd=");

创建数据库表格：在"组态王 SQL 数据库访问"画面上新作一个按钮，按钮文本为："创建表格"，在按钮"弹起时"动画连接中使用 SQLCreateTable()函数创建表格。

SQLCreateTable( DeviceID, "KingTable", "table1" );

该命令用于以表格模板"table1"的格式在数据库中建立名为"KingTable"的表格。在自动生成的 KingTable 表格中，将生成三个字段，字段名称分别为：salary，name，age。每个字段的变量类型、变量长度及索引类型由表格模板"table1"中的定义所决定。

3. 将数据存入数据库

创建数据库表格成功之后，可以将组态王中的数据存入到数据库表格中。下面通过一个实例介绍如何将数据存入数据库。

例：将数据存入数据库

在组态王中创建一个记录体：BIND1。定义三个字段：salary（整型，对应组态王变量 record1）、name（定长字符串型，字段长度：255，对应组态王变量 name）、age（整型，对应组态王变量 age）。

在"组态王 SQL 数据库访问"画面上作一个按钮，按钮文本为："插入记录"，在按钮"弹起时"动画连接中使用 SQLInsert()函数：

SQLInsert( DeviceID, "KingTable", "BIND1" );

该命令使用记录体 BIND1 中定义的连接在表格 KingTable 中插入一个新的记录。

该命令执行后，组态王运行系统会将变量 salary 的当前值插入到 Access 数据库表格"KingTable"中最后一条记录的"salary"字段中，同理变量 name、age 的当前值分别赋给最后一条记录的字段：name、age 值。运行过程中可随时点击该按钮，执行插入操作，在数据库中生成多条新的记录，将变量的实时值进行保存。

4. 进行数据查询

组态王在运行过程中还可以对已连接的数据库进行数据查询。下面通过一个实例介绍如何进行数据查询。

例：进行数据查询

在组态王中定义变量。这些变量用于返回数据库中的记录。"记录 salary"：内存实型；"记录 name"：内存字符串型；"记录 age"：内存整型。定义记录体 BIND2，用于定义查询时的连接，如图 10-13 所示。

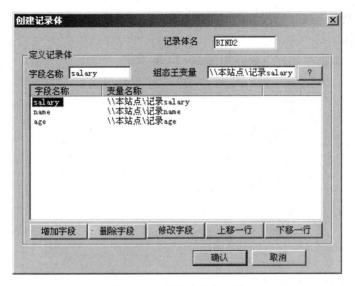

图 10-13　数据查询记录体

在"组态王 SQL 数据库访问"画面上作一个按钮，按钮文本为："得到选择集"，在按钮"弹起时"动画连接中使用 SQL 连接函数，得到一个指定的选择集：

SQLSelect( DeviceID, "KingTable", "BIND2" ,"","");

该命令选择表格 KingTable 中所有符合条件的记录，并以记录体 BIND2 中定义的连接返回选择集中的第一条记录。此处没有设定条件，将返回该表格中所有记录。

执行该命令后，运行系统会把得到的选择集的第一条记录的"salary"字段的值赋给记录体 BIND2 中定义的与其连接的组态王变量"记录 salary"，同样"KingTable"表格中的 name、age 字段的值分别赋给组态王变量记录 name、记录 age。

在画面上做三个"##"文本，分别定义值输出连接到变量"记录 salary"、"记录 name"和"记录 age"。

在画面上做五个按钮。

按钮文本：第一条记录

"弹起时"动画连接：SQLFirst( DeviceID );

按钮文本：下一条记录

"弹起时"动画连接：SQLNext( DeviceID );

按钮文本：上一条记录

"弹起时"动画连接：SQLPrev( DeviceID );

按钮文本：最后一条记录

"弹起时"动画连接：SQLLast( DeviceID );

按钮文本：断开连接，"弹起时"动画连接：SQLDisconnect( DeviceID )；该命令用于断开和数据库的连接。

"组态王 SQL 数据库访问"画面如图 10-14 所示。

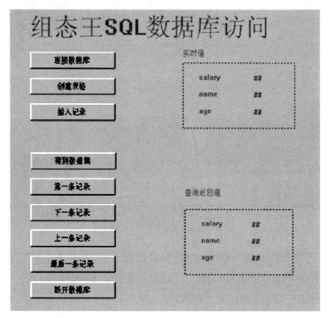

图 10-14　组态王 SQL 数据库访问

切换到运行画面就能显示记录"salary"、"name"和"age"的值，同时也可显示它们的实时值进行比较。

## 10.4　实例——组态王与数据库连接

1. SQL 访问管理器

1）创建数据源及数据库

（1）首先创建一个数据库，这里我们先用 Access 数据库（路径：G\组态王工程\我的工程，数据库名为：Mydb.mdb）。

（2）然后，用 Windows 控制面板中自带的 ODBC Data Sources(32bit)管理工具新建一个 Microsoft Access Driver(*.mdb)驱动的数据源，名为：Mine，然后配置该数据源，指向刚才建立的 Access 数据库（既 Mydb.mdb），如图 10-15 所示。

图 10–15　ODBC 数据源的建立

2）创建表格模块

（1）在工程浏览器窗口左侧"工程目录显示区"中选择"SQL 访问管理器"中的"表格模板"选项，在右侧"目录内容显示区"中双击"新建"图标弹出创建表格模块对话框，在对话框中建立三个字段，如 10–16 所示。

（2）单击"确认"按钮完成表格模块板的创建。

3）创建记录体

（1）在工程浏览器窗口左侧"工程目录显示区"中选择"SQL 访问管理器"中的"记录体"选项，在右侧"目录内容显示区"中双击"新建"图标，弹出创建记录体对话框，对话框设计如图 10–17 所示。

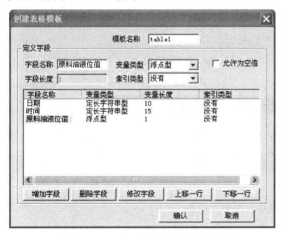

图 10–16　创建表格模块板对话框

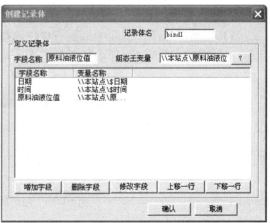

图 10–17　创建记录体对话框

(2) 单击"确认"按钮完成记录体的创建。

2. 对数据库的操作

1) 连接数据库

(1) 在工厂浏览器窗口的数据词典中定义一个内存整型变量：

变量名：DeviceID

变量类型：内存整型

(2) 新建一画面，名称为：数据库操作画面。

(3) 选择工具箱中的 T 工具，在画面中输入文字：数据库操作画面。

(4) 在画面中添加一按钮，按钮文本为：数据库连接。

(5) 在连接的弹起事件中输入如下命令语言，如图 10-18 所示。

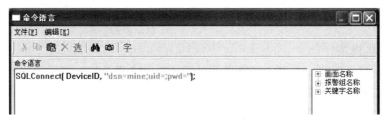

图 10-18　数据库连接命令语言

上述命令语言的作用是使用组态王与 mine 数据源建立了连接（即与 Mydb.mdb 数据建立了连接）。

在实际工程中将此命令写入：工程浏览器>命令语言>应用程序命令语言>启动时中，即系统开始运行就连接到数据库上。

2) 创建数据库表格

(1) 在数据库操作画面中添加一按钮，按钮文本为：创建数据库表格。

(2) 在按钮的弹起事件中输入如下命令语言，如图 10-19 所示。

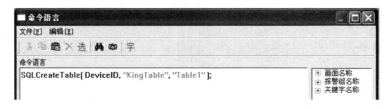

图 10-19　创建数据库表格命令语言

上述命令语言的作用是以表格模板"Table1"的格式在数据库中建立名为"King Table"

的表格。在生成的 King Table 表格中,见生成三个字段,字段名称分别为:日期、时间、原料油液位值,每个字段的变量类型,变量长度及索引类型与表格模板"Table1"中的定义一致。

此命令语言只需执行一次即可,如果表格模板有改动,需要用户先将数据库中的表格删除才能重新创建。在实际工程中将此命令写入:工程浏览器>命令语言>应用程序命令语言>启动时中,即系统开始运行就建立数据库表格。

3) 插入记录

(1) 在数据库操作画面中添加一按钮,按钮文本为:插入记录。

(2) 在按钮的弹起事件中输入如下命令语言,如图 10–20 所示。

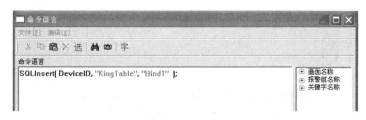

图 10–20  插入记录命令语言

上述命令语言的作用是在表格 King Table 中插入一个新的记录。

按下此按钮后,组态王将 Bind1 中关联的组态王变量的当前值插入 Access 数据库表格"King Table"中,从而生成一条记录,从而达到了将组态王数据写到外部数据库中的目的。

4) 查询记录

用户如果需要将数据库中的数据调入组态王来显示,需要另外建立一个记录体,此记录体的字段名称要和数据库表格中的字段名称一致,连接的变量与数据库中的字段的类型一致,操作过程如下。

在工程浏览器窗口的数据词典中定义三个内存变量:

a. 变量名:记录日期

   变量类型:内存字符串

   初始值:空

b. 变量名:记录时间

   变量类型:内存字符串

   初始值:空

c. 变量名:原料油液位返回值

   变量类型:内存实型

   初始值:0

（1）在原数据库操作画面上添加三个文本框，在文本框的"字符串输出"、"模拟量输出"动画分别连接变量\\本站点\记录日期、\\本站点\记录时间、\\本站点\原料油液位返回值，用来显示查询出来的结果。

（2）在工程浏览窗口中定义一个记录体，记录体窗口属性设计如图10–21所示。

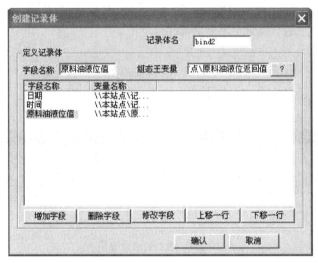

图 10–21　记录体属性设计对话框

（3）在画面中添加一按钮，按钮文本为：得到选择集。

（4）在按钮的弹起事件中输入如下命令语言，如图10–22所示。

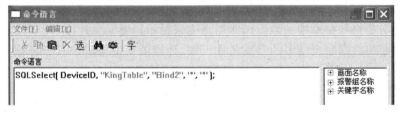

图 10–22　记录查询命令语言对话框

此命令语言的作用是：以记录体 Bind2 中定义的格式返回 King Table 表格中第一条数据记录。

另外同时在画面中添加四个按钮，按钮属性设计如下：

a. 按钮文本：第一条记录

　"弹起时"动画连接：**SQLFirst(DeviceID);**

b. 按钮文本：下一条记录

　"弹起时"动画连接：**SQLNext(DeviceID);**

c. 按钮文本：上一条记录

"弹起时"动画连接：SQLprev(DeviceID);

d. 按钮文本：最后一条记录

"弹起时"动画连接：SQLLast(DeviceID);

上述命令语言的作用分别为查询数据中第一条记录。下一条记录。上一条记录和最后一条记录从而达到数据查询的目的。

5）断开连接

（1）在"数据库操作画面"中添加一按钮，按钮文本为：断开数据连接。

（2）在按钮的弹起事件中输入如下命令语言，如图 10–23 所示。

图 10–23　断开数据库连接命令语言

在实际工程中将此命令写入"工程浏览器>命令语言>应用程序命令语言>退出时"中，即系统退出后断开与数据库的连接。

3. 数据库查询控件

利用组态王提供的 KVDBGrid Class 控件可方便地实现数据库查询工作，操作过程如下。

（1）单击工具箱中的"插入通用控件"工具或选择菜单命令"编辑/插入通用控件"，则弹出控件对话框。在控件对话框内选择"KVDBGrid Class"选项，如图 10–24 所示。

（2）在画面中添加 KVDBGrid Class 控件，选中并双击控件，在弹出的动画连接属性对话框中设置控件名称为：Grid1。

（3）选中控件并单击鼠标右键，在弹出的下拉菜单中执行"控件属性"命令，弹出属性对话框，如图 10–25 所示。

单击窗口中的"浏览"按钮，在弹出的数据源选择对话框中选择前面创建的 mine 数据源，此时与此数据源连接的数据库中所有的表格显示在"表名称"的下拉框中，从中选择欲查询的数据库表格，（在这里我们选择前面建立的 KingTable 表格），此表格中建立的所有字段将显示在"有效字段"中，利用"添加"和"删除"按钮选择您所需要查询的字段名称并可通过"标题"和"格式"编辑框对字段进行编辑。

（4）设置完毕后关闭此对话框，利用按钮的命令语言实现数据库查询和打印工作，设置如下。

 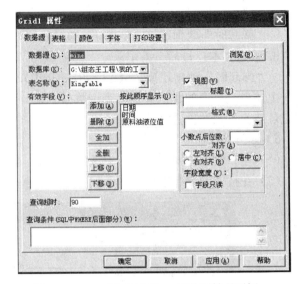

图 10-24　通用控件对话框　　　图 10-25　KVDBGrid Class 控件属性对话框

按钮一：查询全部记录

在按钮的弹起事件中输入如下命令语言：

Grid1.FetchDate();

Grid1.FetchEnd();

按钮二：条件查询

在按钮的弹起事件中输入如下命令语言：

Long aa;

aa=grid1.QueryDialog();

if(aa= =1)

{

　　grid1.FetchData();

　　grid1.FetchEnd();

}

按钮三：打印控件

在按钮的弹起事件中输入如下命令语言：

grid1.print();

（5）单击"文件"菜单中的"全部存"命令，保存您所作的设置。

（6）单击"文件"菜单中的"切换到 VIEW"命令进入运行系统，如图 10-26 所示。

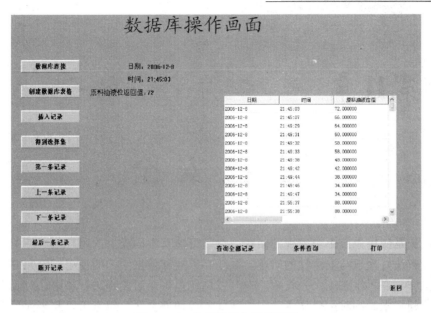

图 10–26 数据库操作运行画面

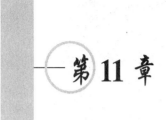

# 第11章

# 系统安全

安全保护是应用系统不可忽视的问题，对于可能有不同类型的用户共同使用的大型复杂应用，必须解决好授权与安全性的问题，系统必须能够依据用户的使用权限允许或禁止其对系统进行操作。在"组态王"系统中，在开发系统里可以对工程进行加密。对画面上的图形对象设置访问权限，同时给操作者分配访问优先级和安全区，组态王以此来保障系统的安全运行。

## 11.1 组态王开发系统安全管理

为了防止其他人员对工程进行修改，在组态王开发系统中可以分别对多个工程进行加密。当打开加密的工程时，必须正确输入密码方可进入开发系统，但不会影响工程的运行，从而保护了工程开发者的利益。

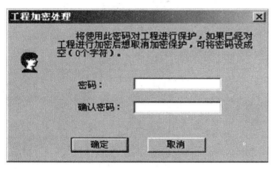

图 11-1 "工程加密处理"对话框

1. 如何对工程进行加密

选中未加密的工程，进入组态王开发系统，在工程浏览器窗口中单击"工具"菜单中的"工程加密"命令，弹出"工程加密处理"对话框，如图 11-1 所示。

密码长度不超过 12 个字节，密码可以是字母（区分字母大小写）、数字、其他符号等，且须再次输入相同密码进行确认。

单击确定按钮后，系统将自动对工程进行加密。加密过程中系统会弹出提示信息框，显示对每一个画面分别进行加密处理。当加密操作完成后，系统弹出"操作完成"，如图 11-2 所示。

退出组态王工程浏览器，每次在开发环境下打开该工程都会要求输入工程密码。如果工程密码错误，将无法打开组态王工程进行修改，请小心妥善保存密码。

2. 如何去除工程加密

如果想取消对工程的加密，在进入该工程开发系统后，在工程浏览器窗口中单击"工具"菜单中的"工程加密"命令，弹出"工程加密处理"对话框，将密码设为空，单击确定按钮，则弹出如图11-3所示对话框。

图11-2　加密操作成功

图11-3　取消工程加密

单击确定按钮后系统将取消对工程的加密，单击取消按钮放弃对工程加密的取消操作。

## 11.2　组态王运行系统安全管理

1. 运行系统安全管理概述

在"组态王"系统中，为了保证运行系统的安全运行，对画面上的图形对象设置访问权限，同时给操作者分配访问优先级和安全区。要访问一个有权限设置的对象，先要求操作者的优先级大于对象的访问优先级，而且操作者的操作安全区须在对象的安全区内时，方能访问。

操作者的操作优先级级别从1～999，每个操作者和对象的操作优先级级别只有一个。系统安全区共有64个，用户在进行配置时，每个用户可选择除"无"以外的多个安全区，即一个用户可有多个安全区权限，每个对象也可有多个安全区权限。除"无"以外的安全区名称可由用户按照自己的需要进行修改。

1）设置对象访问优先级和安全区

在组态王开发系统中双击画面上的某个对象，弹出"动画连接"对话框，如图11-4所示。选择具有数据安全动画连接中的一项，则"优先级"和"安全区"选项变为有效，在"优先级"中输入访问的优先级级别；单击"安全区"后的 ┈ 按钮选择安全区，弹出"选择安全区"对话框，如图11-5所示。

选择左侧"可选择的安全区"列表框中的安全区名称，然后单击">"按钮，即可将该安全区名称加入右侧"已选择的安全区"列表框中，使用"》"按钮，则可加入左侧"可选择的安全区"列表框中的全部安全区。"<"和"《"按钮用来取消"已选择的安全区"列表框中的安全区名称。选择完毕后，单击"确定"返回。

2）在工程浏览器中配置用户

配置用户包括设定用户名、口令、操作权限及安全区等。双击"工程浏览器"中左边的

"系统配置/用户配置",弹出"用户和安全区配置"对话框,如图11-6所示。

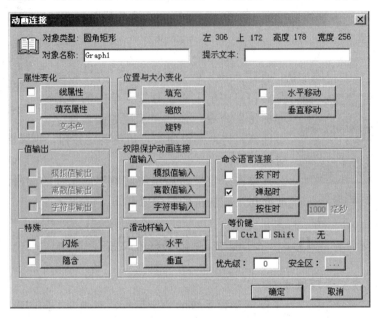

图11-4 动画连接访问权限设置

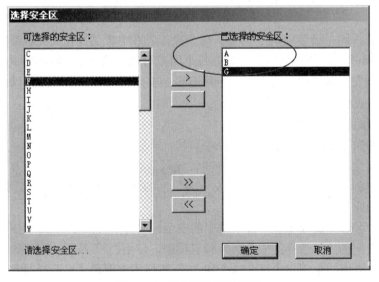

图11-5 安全区选择对话框

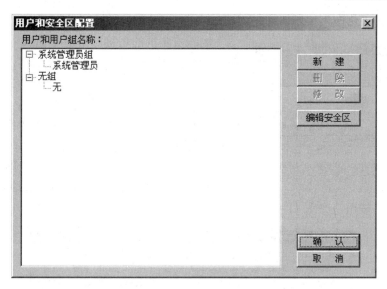

图 11-6 "用户和安全区配置"对话框

（1）编辑安全区。单击对话框地"编辑安全区"按钮，弹出"安全区配置"对话框，如图 11-7 所示。

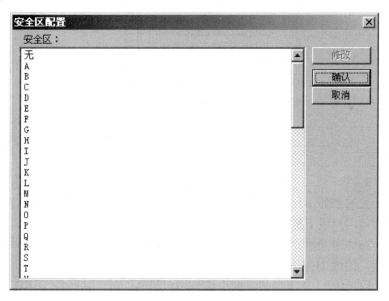

图 11-7 "安全区配置"对话框

用鼠标单击选择一个除"无"外的要修改的安全区名称，"修改"按钮由灰色不可用变为黑色可用，单击"修改"按钮，弹出"更改安全区名"对话框，如图 11-8 所示。

输入安全区的名称，单击"确认"按钮完成修改，照此方法，可修改所有的安全区名称，方便于区别和操作。

（2）编辑用户。组态王中可根据工程管理的需要将用户分成若干个组来管理，即用户组。用户组下面可以包含多个用户。

建立用户组：单击"用户和安全区配置"对话框的"新建"按钮，弹出"定义用户和用户组"对话框，选中"用户组"按钮，如图 11-9 所示。

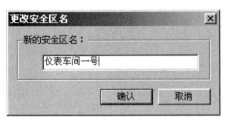

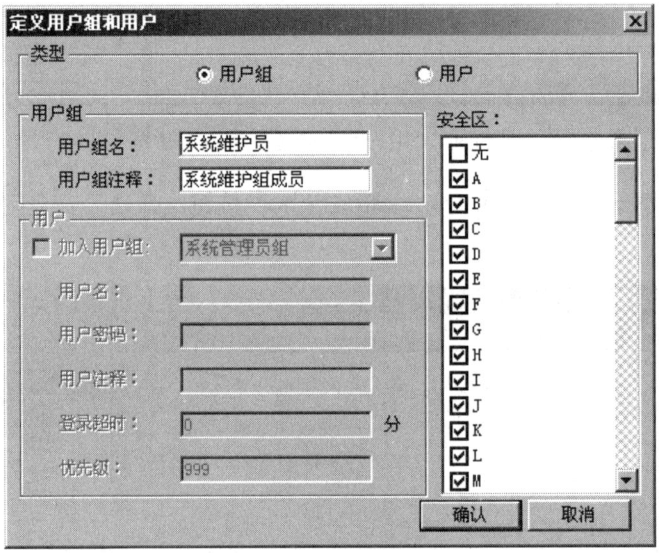

图 11-8　更改安全区名称对话框

图 11-9　用户组配置对话框

填入所要配置的当前用户组的名称，并可对当前用户组进行注释。在右侧的"安全区"列表框中选择当前用户组下所有用户的公共安全区，配置完成后，按"确认"返回。

加入用户：在"定义用户组和用户"界面上，单击"用户"按钮，则"用户"下面的所有选项变为有效，如图 11-10 所示。

选中"加入用户组"，从下拉列表框中选择用户组名。在"用户名"中输入当前独立用户的名称；在"用户密码"中输入当前用户的密码；在"用户注释"中输入对当前用户的说明；"登录超时"中输入登录超时时间，用户登录后达规定的时间时，系统权限自动变为"无"，如果登录超时的值为 0，则登录后没有登录超时的限制；在"优先级"中输入当前用户的操作优先级级别；在"安全区"中选择该用户所属安全区。用户配置完成后单击"确认"按钮。

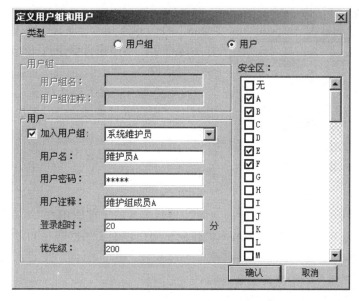

图 11-10  用户组中用户配置对话框

2. 运行时如何登录用户

在 Touchvew 运行环境下，操作人员必须登录才能获得一定的操作权。在运行系统中打开菜单"特殊\登录开"菜单项，则弹出如图 11-11 所示。

正确输入用户名和口令即可登录。如果登录无误，使用者将获得一定的操作权。否则系统显示"登录失败"的信息。

"登录开"的操作还可以通过命令语言来实现。设置一按钮"用户登录"，设置其命令语言连接：LogOn()；程序运行后，当操作者单击此按钮时，将弹出"登录"对话框。

退出登录只需选择菜单"特殊\登录关"即可，同样可以通过命令语言来实现。设置一按钮"用户登录关"，设置其命令语言连接：LogOff()；程序运行后，当操作者单击此按钮时，将退出登录的用户。

图 11-11  软件运行时登录用户

3. 运行时如何重新设置口令和权限

在运行环境下，"组态王"还允许任何登录成功的用户（访问权限无限制）修改自己的口令。首先进行用户登录，然后执行"特殊\修改口令"菜单，则弹出如图 11-12 所示。

输入旧的口令和新的口令，单击"确定"按钮，旧的口令将被新的口令所代替。

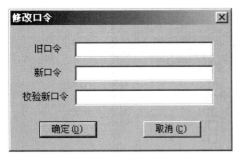

图 11-12　修改口令

修改口令也可以通过命令语言进行。设置一按钮"修改口令"，设置其命令语言连接：ChangePassWord()；程序运行后，当操作者单击按钮时，将弹出"修改口令"对话框。

运行系统中，对于操作权限大于 900 的用户还可以对用户权限进行修改，可以添加、删除或修改各个用户的优先级和安全区。当登录用户权限大于或等于 900，执行"特殊\配置用户"命令时，系统弹出"用户和安全区配置"对话框。可以修改用户的优先级和安全区。

同样也可以通过命令语言进行修改权限。设置一按钮"配置用户"，设置命令语言连接：EditUsers()；程序运行后，当操作者单击按钮时，用户权限大于或等于 900 时，系统弹出"用户和安全区配置"对话框。

4. 与安全管理相关的系统变量和函数

与安全管理有关的系统变量有两个：

"$用户名"是内存字符串型变量，在程序运行时记录当前用户的名字。若没有用户登录或用户已退出登录，"$用户名"为"无"。

"$访问权限"是内存实型变量，在程序运行时记录着当前用户的访问权限。若没有用户登录或用户已退出登录，"$访问权限"为 1，安全区为"无"。

与安全管理有关的函数有：

ChangePassWord()

此函数用于显示"修改口令"对话框，允许登录用户修改他们的口令。

调用格式：ChangePassWord()；

此函数无参数。

EditUsers()

此函数用于显示"用户和安全区配置"对话框，允许权限大于 900 的用户配置用户和安全区。

调用格式：EditUsers()；

此函数无参数。

GetKey()

此函数用于系统运行时获取组态王加密锁的序列号。

调用格式：GetKey()；
此函数无参数。
返回值为字符串型：加密锁的序列号。

LogOn()
此函数用于在 Touchvew 运行系统中登录。
调用格式：LogOn()；
此函数无参数。

LogOff()
此函数用于在 Touchvew 运行系统中退出登录。
调用格式：LogOff()；
此函数无参数；

PowerCheckUser()
此函数用于运行系统中进行身份双重认证。
调用格式：Result = PowerCheckUser(OperatorName, MonitorName);
参数：OperatorName：返回的操作者姓名；MonitorName：返回监控者姓名。
返回值：Result=1：验证成功；Result=0：验证失败。

## 11.3 实例——组态王的安全性

1. 设置用户的安全区与权限

优先级分 1～999 级，1 级最低 999 级最高。每个操作者的优先级别只有一个。系统安全区共有 64 个，用户在进行配置时。每个用户可选择"无"以外的多个安全区，即一个用户可有多个安全权限。用户安全区及权限设置过程如下：

（1）在工程浏览器窗口左侧"工程目录显示区"中双击"系统配置"中的"用户配置"选项，弹出创建用户和安全配置对话框，如图 11-13 所示。

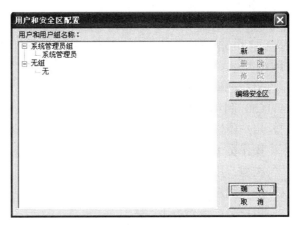

图 11-13 用户和安全区配置对话框

（2）单击此对话框的"编辑安全区"按钮，弹出安全区培植对话框，如图 11-14 所示。选择"A"安全区并利用"修改"按钮将安全区名称修改为：反应车间。

（3）单击"确认"按钮关闭对话框，在"用户和安全区配置"对话框中单击"新建"按钮，在弹出的"定义用户组和用户"对话框中配置用户组，如图 11-15 所示。

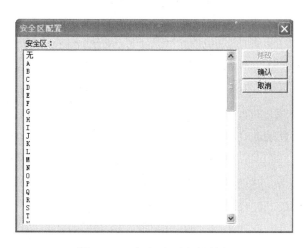

图 11-14　安全区配置对话框

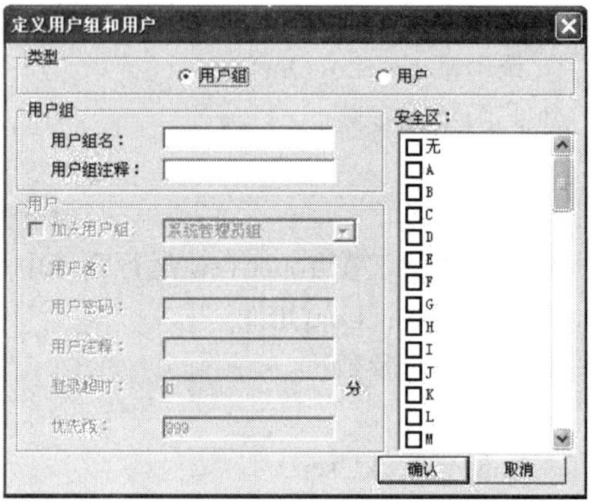

对话框设置如下：

类型：用户组

用户姓名：反应车间

安全区：无

（4）单击"确认"按钮关闭对话框，回到"用户和安全区配置"对话框后再单击"新建"按钮，在弹出的"定义用户组和用户"对话框中培植用户，对话框的设置如图 11-16 所示。

用户密码设置为：master

（5）利用同样方法再建立两个操作员用户，用户属性设置如下所示。

操作员 1：

类型：用户

加入用户组：反应车间用户组

用户名：操作员 1

图 11-15　定义用户组对话框

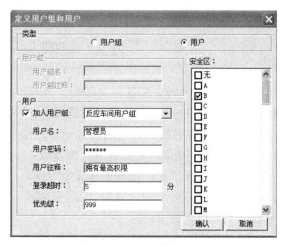

图 11-16　定义用户对话框

用户密码：operater1
用户注释：具有一般权限
登录超时：5
优先级：50
安全区：反应车间
操作员 2：
类型：用户
加入用户组：反应车间用户组
用户名：操作员 2
用户密码：operater2
用户注释：具有一般权限
登录超时：5
优先级 150
安全区：无

（6）单击"确认"按钮关闭定义用户对话框，用户安全区及权限设置完毕。

2. 设置图形对象的安全与权限

与用户一样，图形对象具有 1～999 个优先级别和 64 个安全区，在前面编辑的"监控中心"画面中设置的"退出"按钮，其功能是退出组态王运行环境，而对一个实际的系统来说，可能不是每个登录用户都有权限利用此按钮，只有上述建立的反应车间用户组中的"管理员"登录时可以按此按钮退出运行环境，一个车间用户的"操作员"登录时就不可操作此按钮。其对象安全属性设置过程如下：

（1）在工程浏览窗口中打开"监控中心"画面，双击画面中的"系统退出"按钮，在弹出的"动画连接"对话框中设置按钮的优先级：100，安全区：反应车间。

（2）单击"确定"按钮关闭此对话框，按钮对象的安全区与权限设置完毕。

（3）单击"文件"菜单中的"全部存"命令，保存您所作的修改。

（4）单击"文件"菜单中的"切换到 VIEW"命令，进入运行系统，运行"监控中心"主画面。在运行环境界面中单击"特殊"菜单中的"登录开"命令，弹出"登录"对话框，如图 11-17 所示。

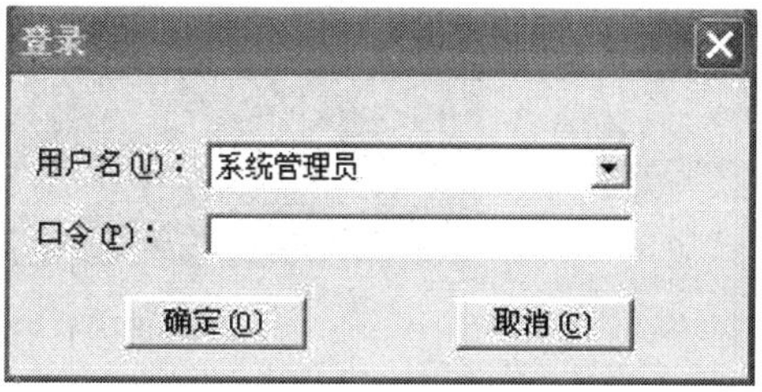

当以上述所建的"管理员"登录时，画面中的"系统退出"按钮为可编辑状态，单击此按钮退出组态王运行系统；当分别以"操作员 1"和"操作员 2"登录时，"系统退出"按钮为不可编辑状态，此时按钮是不能操作的。这是因为对"操作员 1"来说，他的操作安全区包含了按钮对象的安全区（即：反应

图 11-17 用户登陆对话框

车间安全区），但是权限小于按钮对象的权限（按钮权限为 100，操作员 1 的权限为 50）。对于"操作员 2"来说，他的操作权限虽然大于按钮对象的权限（按钮权限为 100，操作员 2 的权限为 150）但是安全区没有包含按钮对象的安全区，所以这两个用户登录后都不能操作按钮。

3. 工程加密

为了防止其他人员对工程进行修改，在组态王开发系统中可以对工程进行加密，当打开加密工程时必须输入密码后才能打开工程，从而保护了工程开发者的权益。工程加密设置过程如下：

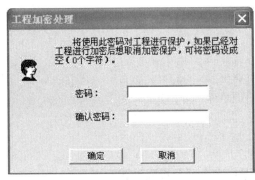

图 11-18 工程加密对话框

（1）在工程浏览器窗口中单击"工具"菜单中的"工程加密"命令，弹出"工程加密处理"对话框，如图 11-18 所示。

设置工程密码为：eng。

（2）单击"确定"按钮关闭此对话框，系统自动对工程进行加密处理工作。

（3）关闭组态王开发环境，在重新打开演示工程之前，系统会提示密码窗口，输入："eng"后方可打开演示工程。

（4）单击"文件"菜单中的"切换到 VIEW"命令，进入运行系统，如图 11-19 所示。

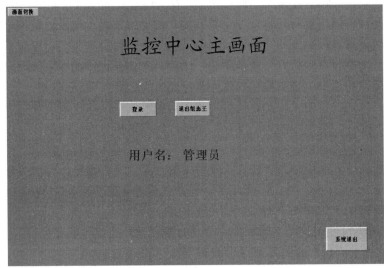

图 11-19 系统安全运行登录画面

# 第 12 章

# 组态王网络功能与 Web 发布

组态王完全基于网络的概念，是一种真正的客户——服务器模式，支持分布式历史数据库和分布式报警系统，可运行在基于 TCP/IP 网络协议的网上，使用户能够实现上、下位机以及更高层次的厂级联网。

TCP/IP 网络协议提供了在不同硬件体系结构和操作系统的计算机组成的网络上进行通讯的能力。一台 PC 机通过 TCP/IP 网络协议可以和多个远程计算机（即远程节点）进行通讯。

## 12.1 网 络 功 能

组态王的网络结构是一种柔性结构，可以将整个应用程序分配给多个服务器，可以引用远程站点的变量到本地使用（显示、计算等），这样可以提高项目的整体容量结构并改善系统的性能。服务器的分配可以是基于项目中物理设备结构或不同的功能，用户可以根据系统需要设立专门的 I/O 服务器、历史数据服务器、报警服务器、登录服务器和 Web 服务器等。

1. 网络连接说明

组态王网络结构是真正的客户/服务器模式，客户机和服务器必须安装 Windows NT/2000 并同时运行"组态王"（除 Internet 版本的客户端）。并在配置网络时绑定 TCP/IP 协议，即利用"组态王"网络功能的 PC 机必须首先是某个局域网上的站点并启动该网，网络结构示意图如图 12-1 所示。

在组态王网络结构中，各种服务器负责不同的分工：

I/O 服务器：负责进行数据采集的站点。如果某个站点虽然连接了设备，但没有定义其为 I/O 服务器，那这个站点采集的数据不向网络上发布。I/O 服务器可以按照需要设置为一个或多个。

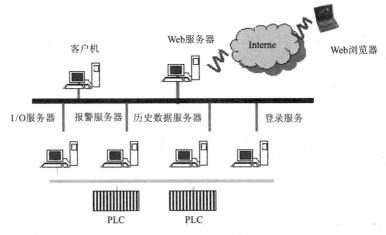

图 12-1 网络结构图

报警服务器：存储报警信息的站点。系统运行时，I/O 服务器上产生的报警信息将通过网络传输到指定的报警服务器上，经报警服务器验证后，产生和记录报警信息。

历史记录服务器：存储历史数据的站点。系统运行时，I/O 服务器上需要记录的历史数据便被传送到历史数据服务器站点上保存起来。

登录服务器：负责网络中用户登录的校验。在整个系统网络中只可以配置一个登录服务器。

Web 服务器：Web 服务器是保存组态王 For Internet 版本发布的 HTML 文件，传送文件所需数据，并为用户提供浏览服务的站点。

客户：如果某个站点被指定为客户后可以访问其指定服务器。一个站点被定义为服务器的同时，也可以被指定为其他服务器的客户。

2．网络配置

要实现组态王的网络功能，除了具备网络硬件设施外，还必须对组态王各个站点进行网络配置，设置网络参数，并且定义在网络上进行数据交换的变量、报警数据和历史数据的存储和引用等。下面以一台服务器和一台客户机为例介绍网络配置过程。

1）服务器配置

在组态王工程浏览器中，选中左侧"工程目录显示区"中"系统配置"下的"网络配置"，双击此图标，弹出"网络设置"对话框，对网络参数进行配置如图 12-2 所示。

"本机节点名"必须是本地计算机名称或本机的 IP 地址。

单击网络配置窗口中的"节点类型"属性页，其属性配置如图 12-3 所示。

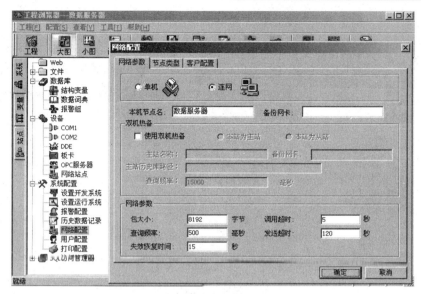

图 12–2 服务器网络参数配置

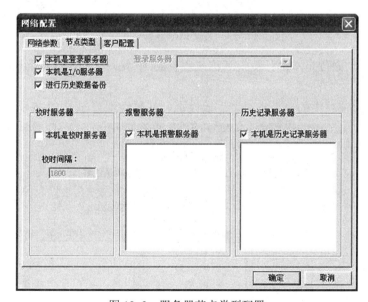

图 12–3 服务器节点类型配置

设置完成后本地计算机在网络中就具备了五种功能,它既是登录服务器又是 I/O 服务器、报警服务器和历史数据记录服务器,同时又实现了历史数据备份的功能。

2)客户机配置

在组态王工程浏览器中,选中左侧"工程目录显示区"中"系统配置"下的"网络配置",

双击此图标，弹出"网络设置"对话框，对网络参数配置如图 12-4 所示。

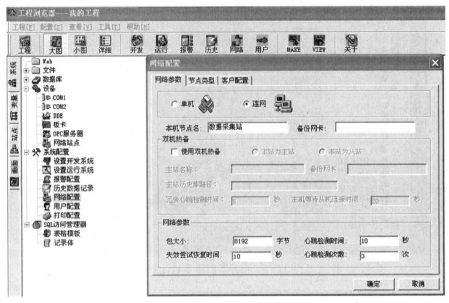

图 12-4　客户机网络参数配置

"本机节点名"必须是本地计算机名称或本机的 IP 地址。且网络参数必须与服务器的网络参数相同。

单击网络配置窗口中的"节点类型"属性页，其属性配置如图 12-5 所示。

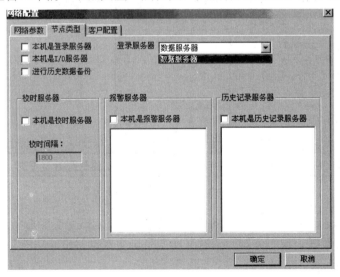

图 12-5　客户机节点类型配置

在"登录服务器"后面的下拉框中选择服务器名称或的服务器 IP 地址。

单击网络配置窗口中的"客户配置"属性页,其属性配置如图 12-6 所示。

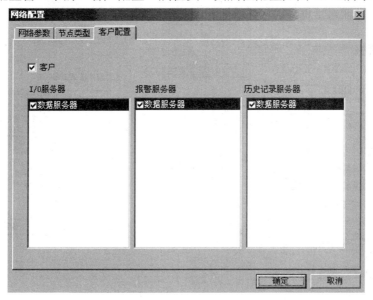

图 12-6 客户机的客户配置

设置完毕后,本机既是 I/O 服务器的客户端又是报警服务器和历史记录服务器的客户端。

3)建立远程站点

要建立客户——服务器模式的网络连接,就要求各站点共享信息,互相建立连接。在客户机的工程浏览器中,单击左侧的"站点"标签,进入站点管理界面。在站点列表区内单击鼠标右键,弹出"新建远程站点"命令,如图 12-7 所示。

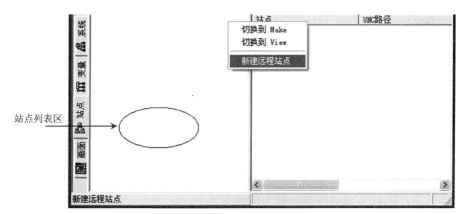

图 12-7 远程站点管理界面

217

执行"新建远程站点"命令,弹出"远程节点"对话框,如图 12-8 所示。单击对话框上的"读取节点配置"按钮,选择远程工程路径,通过网络共享选择服务器上的工程文件夹,单击确定按钮,关闭对话框。则服务器配置的工程信息自动被读到了"远程节点"对话框中。

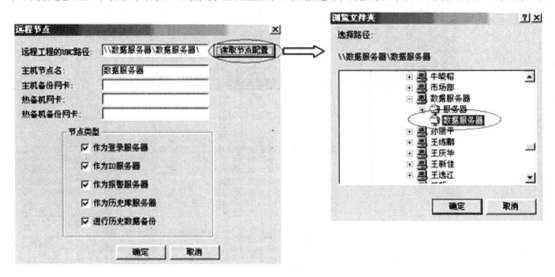

图 12-8　远程站点配置

单击"确定"按钮关闭"远程节点"对话框,完成远程站点的配置,此时在客户机上数据字典中就能显示出远程站点(即服务器)中建立的所有变量,如图 12-9 所示。

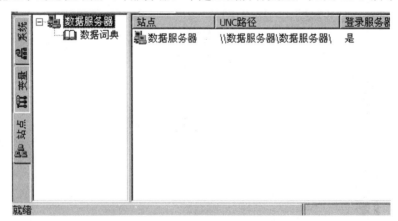

图 12-9　服务器中变量在客户端显示

此时,在此客户机就可以访问服务器上的变量了。
4)网络变量使用

组态王是一种真正的客户——服务器模式，对于网络上其他站点的变量，如果两个站点之间建立了连接，可以直接引用。例如，在客户机的组态王工程中查看服务器上定义的 I/O 变量反应罐温度。

在客户机画面上建立变量模拟值输出时，弹出模拟值输出连接对话框，打开变量浏览器。选择"数据服务器"，在变量列表中选择"反应罐温度"，如图 12-10 所示，即可完成远程变量的引用。

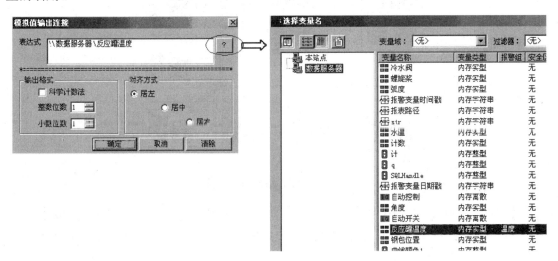

图 12-10　网络变量的引用

## 12.2　组态王 For Internet 应用

组态王 6.5 提供了 For Internet 应用版本——组态王 Web 版，支持 Internet/Intranet 访问。组态王 Web 功能采用 B/S 结构，客户可以随时随地通过 Internet/Intranet 实现远程监控，而远程客户端仅仅需要的软件环境就是安装了 Microsoft Internet Explore 5.0 以上或者 Netscape 3.5 以上的浏览器以及 JRE 插件（第一次浏览组态王画面时会自动下载安装并保留在系统上），IE 客户端就能获得与组态王运行系统相同的监控画面，实现了对客户信息服务的动态性、实时性和交互性，如图 12-11 所示。

1. Web 功能介绍

1）Web 的技术特性

组态王 6.5 具有以下技术特性：

（1）Java2 图形技术基础，支持跨平台运行，能够在 Linux 平台上运行，功能强大。

（2）支持多画面集成系统显示，支持与组态王运行系统图形一致的显示效果。

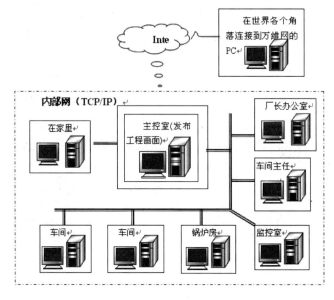

图 12-11　Web 功能结构示意图

（3）支持动画显示，客户端和主控机端保持高效的数据同步，达到亲临其境的效果。

（4）组态王运行系统内嵌 Web 服务器系统处理远程 IE 端的访问请求。无需额外的 Web 服务器。

（5）基于通用的 TCP/IP、Http 协议，具有广泛的广域网互联。

（6）B/S 结构体系，只需普通的浏览器就可以实现远程组态系统的监视和控制。

（7）远程客户端系统的运行不影响主控机的运行，而客户端也可以具有操作远程主控机的能力。

2）Web 版的新功能和特性

在组态王 6.5 中，采用了 Web 发布和浏览的分组方式。同一组内可以打开多个画面，实现了画面的动态加载和实时显示。设计了新的网络安全权限设置、Web 连接和发布、画面调度算法等方案，同时加入了 IE 界面操作菜单、状态栏等使操作更方便快捷的功能。达到了远程组态系统浏览和组态王运行的一致效果。新的 Web 功能主要增加了以下功能：

（1）支持无限色、过渡色。支持组态王中的 24 种过渡色填充和模式填充。支持真彩色，支持粗线条、虚线等线条类型，实现了组态王系统和 Web 系统真正的视觉同步，并且利用 java2 的 2D 图形功能，Web 的过渡色填充效率更优于组态王本身。

（2）报表功能。增加了 Web 版的报表控件功能，支持实时报表和历史报表，支持报表内嵌函数和变量连接，支持报表单元格的运算和求值，支持报表打印，支持报表内容下载功能。

(3) 命令语言扩充。扩充了运算函数和求值函数，支持报表单元格变量和运算，支持局部变量，支持结构变量，扩展了变量的域、增加了画面打开和关闭、IE 端打印画面、打印报表、报表统计等函数。

(4) 支持大画面。支持组态王的大画面功能，在 IE 端可以显示组态王的任意大画面。

(5) 支持远程变量。在组态王的网络结构中，可以引用远程变量到本　来显示、使用。而作为组态王 Web 版本，也支持该功能。及组态王 Web 发布站点上引用的远程变量用户同样可以在 IE 上看到。

(6) 报警窗的发布。增强了 Web 版的报警窗的发布功能。支持实时报警窗和历史报警窗的发布，发布的报警窗可以实时显示组态王运行系统中报警，支持在浏览器端按照用户要求的报警优先级、报警组、报警类型、报警信息源和报警服务器的条件进行过滤显示报警信息和事件信息。

(7) 安全管理。在 IE 浏览器端支持组态王中的用户操作权限和安全区的设置。即用户在 IE 操作画面中有权限设置的图素时也需要像在组态王中一样登录，达到安全许可后方可操作。另外对于 IE 的浏览也有权限设置，不同的用户登录浏览能做的操作不同。普通用户只能浏览数据，不能做任何操作。

(8) 多语言版本。可扩展性强，适合多种语言版本。

2. 组态王中 Web 的配置

1) 网络配置

要实现 Web 功能，必须在组态王工程浏览器窗口中网络配置对话框中选择"联网"模式，并且计算机应该绑定 TCP/IP 协议。

2) 网络端口配置

在进行 IE 访问时，需要知道被访问程序的端口号，所以在组态王 Web 发布之前需要定义组态王的端口号。打开需要进行发布的工程，在工程浏览器窗口左侧的目录树中双击 Web 目录，弹出"页面发布向导"配置对话框，如图 12-12 所示。

默认端口是指 IE 与运行系统进行网络连接的应用程序端口号，系统默认的端口号为 80。如果所定义的端口号与本机的其他程序的端口号出现冲突，用户可以按照实际情况进行修改。

3) 发布画面

在组态王 6.5 中，发布功能采用分组方式。可以按照不同的需要将画面分成多个组进行发布，每个组都有独立的安全访问设置，可以供不同的客户群浏览。

在工程管理器窗口左侧中选择"Web"目录，在工程管理器的右侧窗口，双击"新建"图标，弹出"Web 发布组配置"对话框，如图 12-13 所示。

图 12-12 端口的设置

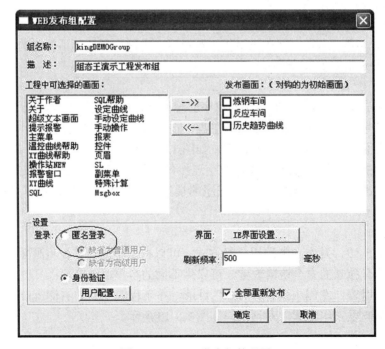

图 12-13 Web 发布组的配置

"组名称"是 Web 发布组的唯一的标识，由用户指定，但同一工程中组名不能相同，且组名只能使用英文字母和数字的组合。组名称的最大长度为 31 个字符。

在对话框上单击按钮" -->> "或" <<-- "可添加或删除要发布的画面。

如果登录方式选择"匿名登录"选项，则用户在打开 IE 进行浏览时不需要输入用户名、密码等，可以直接浏览组态王中发布的画面。但若是普通用户，只能浏览页面，不能做任何操作；而高级用户，能浏览页面，也可以修改数据，并进行有权限设置的操作。如果选择"身份验证"选项，用户打开 IE 进行浏览时需要首先输入用户名和密码（此用户名和密码由"用户配置"中设置）。

3. 在 IE 端浏览页面

在开发系统发布画面设置完后，启动组态王运行程序，就可以在 IE 浏览器进行画面浏览和数据操作了。

1) 在浏览器地址栏中输入地址

使用浏览器进行浏览时，首先需要输入 Web 地址。地址的格式为：

http://发布站点机器名（或 IP 地址）:组态王 Web 定义端口号

例如运行组态王的机器名为 webserver，其 IP 地址为"202.144.1.30"，端口号为 80，发布组名称为"KingDEMOGroup"，那么 Web 地址为：

http://webserver:80 或  http://202.144.1.30:80

当端口号为 80 时，可省略端口号。在 IE 浏览器中输入地址"http://webserver"，进入发布组界面，如图 12-14 所示。

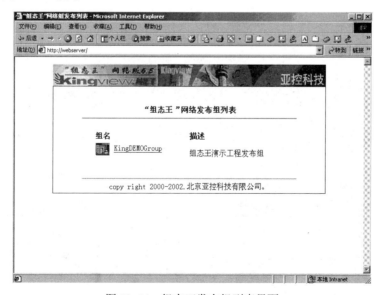

图 12-14 组态王发布组列表界面

2）进入组的浏览界面

在发布组界面上单击组名"KingDEMOGroup"或在 IE 地址栏中输入组地址 http://webserver/KingDEMOGroup，则进入组的浏览界面。如图 12-15 所示。

图 12-15　画面列表界面

单击画面名称，系统加载画面后，就可以进行浏览，画面与组态王运行系统同样逼真，如图 12-16 所示。

图 12-16　浏览"炼钢车间"画面

在浏览的界面上,提供了菜单:"操作"和"窗口"。"操作"主要是进行登录操作和网络连接控制。"窗口"主要是选择显示的窗口,如画面窗口、画面列表窗口等,也可以使用该菜单进行画面打开关闭、画面切换等操作。

## 12.3 实例——组态王网络连接与 Web 发布

1. 网络连接配置

要实现组态王的网络功能,除了具备硬件设施外还必须对组态王各个站点进行网络配置,设置网络参数并定义在网络上进行数据交换的变量、报警数据和历史数据的存储和引用等。下面以一台服务器和一台客户机为例介绍网络配置的过程。

1)服务器配置

服务器端计算机配置过程如下:

(1)将组态王的网络工程(即 d:\peixun\我的工程)设置为完全共享。

(2)在工程浏览器窗口左侧"工程目录示区"中双击"系统配置"中的"网络配置"选项,弹出网络配置对话框,对话框配置如图 12-17 所示。

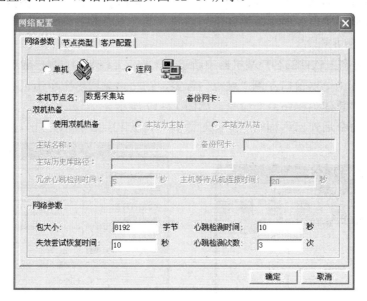

图 12-17 服务器网络参数页对话框

"本机节点名"必须是计算机的名称或本机的 IP 地址。

(3)单击网络配置窗口中的"节点类型"属性页,其属性页的配置如图 12-18 所示。

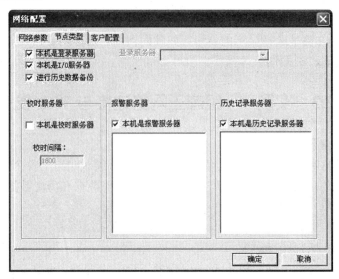

图 12-18 服务器节点类型页对话框

设置完成后本机器就具备了五种功能，它既是登录服务器有 I/O 服务器、报警服务器和历史服务器，同时又实现了历史数据备份的功能。

2）客户端计算机配置

（1）在装有组态王软件的客户端机器中新建一工程，工程名为：客户端工程，并打开工程。

（2）单击工程浏览器窗口左侧"站点"标签，在站点编辑区中单击鼠标右键，在弹出的下拉菜单中执行"新建远程站点"命令，如图 12-19 所示。

（3）执行此命令后弹出远程站点配置对话框，如图 12-20 所示。

图 12-19 新建远程站点菜单

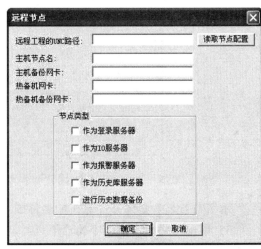

图 12-20 远程站点配置对话框

（4）单击"读取节点配置"按钮，在弹出的浏览文件夹窗口中选择在服务器中共享的网络工程（即 d:\peixun\我的工程），此时服务器的配置信息会自动显示出来，如图 12-21 所示。

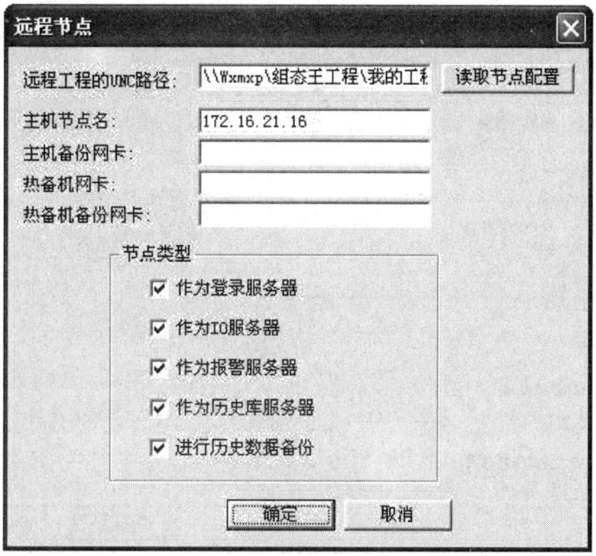

图 12-21　配置完毕的远程站点对话框

（5）单击"确定"按钮后关闭对话框完成远程站点的配置，此时您会看到远程站点（即服务器）中建立的所有变量在客户端的数据词典中显示出来，如图 12-22 所示。

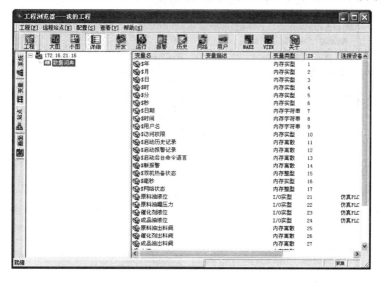

图 12-22　服务器中变量在客户端显示

（6）在工程浏览器窗口左侧"工程目录显示区"中双击"系统配置"中的网络配置选项，弹出网络配置对话框，对话框配置如图12-23所示。

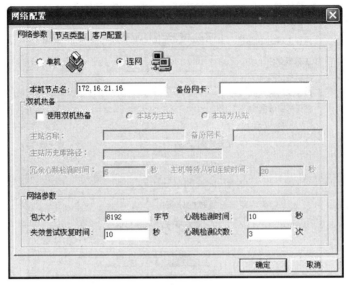

图12-23　客户端客户网络参数页对话框

"本机节点名"必须是计算机的名称或本机的IP地址。

（7）单击网络配置窗口中的"节点类型"属性页，其属性页如图12-24所示。

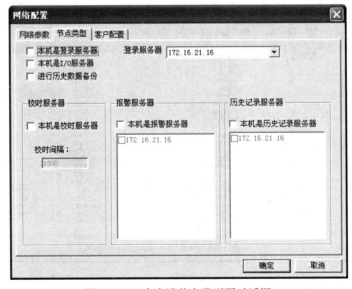

图12-24　客户端节点类型页对话框

在"登录服务器"后面的下拉框中选择服务器的 IP 地址。

（8）单击网络配置窗口中的"客户配置"属性页，其属性页的配置如图 12–25 所示。

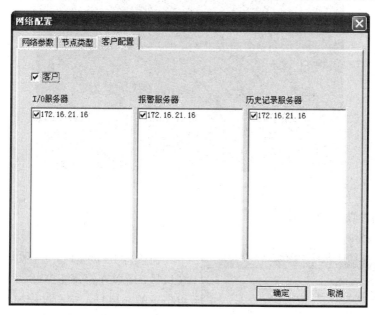

图 12–25　客户端配置页对话框

设置完毕后本机器既是 I/O 服务器的客户端又是报警服务器和历史服务器的客户端。

3）I/O 变量的远程查询

客户端网络配置完成后，在客户端就可以访问服务器上的变量了。变量访问过程如下：

（1）在客户端新建一画面，名称为：网络连接画面。

（2）在画面中添加文本对象，在模拟值输出连接对话框中连接服务器中定义的变量，如图 12–26 所示。

（3）设置完毕后单击"文件"菜单中的"全部存"命令，保存所作的设置。

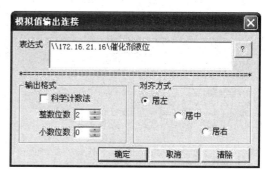

图 12–26　模拟值输出对话框

（4）单击"文件"菜单中的"切换到 VIEW"命令，进入运行系统，此时就会看到原料油变量数据的变化同服务器变化是同步的，从而达到了远程监控的目的，如图 12–27 所示。

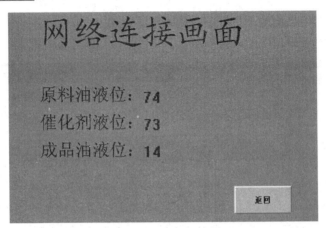

图 12-27 网络连接运行画面

### 2. Web 发布网络配置
1）网络端口配置

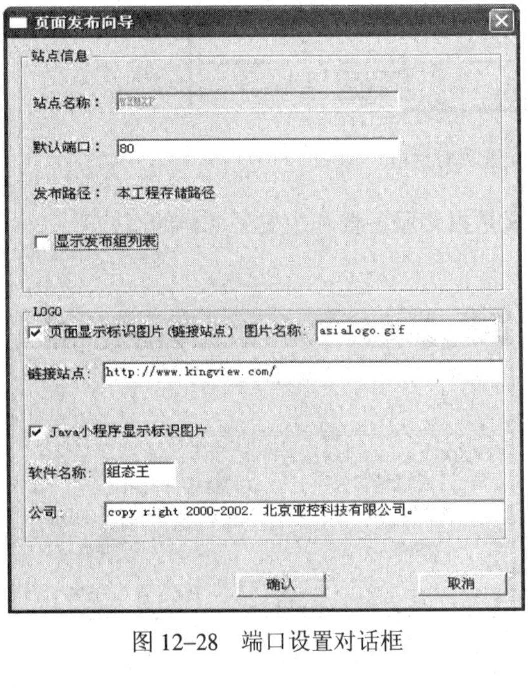

在进行 IE 浏览时，需要知道被访问程序的端口号，所以在组态王 Web 发布之前需要定义组态王的端口号，定义过程如下：

（1）在工程浏览器窗口左侧"工程目录显示区"中双击"Web"选项，弹出端口设置对话框，如图 12-28 所示。

端口号是 IE 浏览器与组态王运行系统进行网络连接的端口号，系统默认的端口号是80，如果所定义的端口号与本机的其他程序的端口号出现冲突的话用户可以按照实际情况进行修改。

2）画面发布

在组态王 6.5 中画面发布功能采用分组方式，每个组都有独立的安全访问权限，可以供不同的客户群浏览。画面发布过程如下：

（1）在工程浏览器窗口左侧"工程目录显示区"中选择"Web"选项，在右侧"目录内容显示区"中双击"新建"图标，弹出画面发布配置对话框，对话框设置如图 12-29 所示。

图 12-28 端口设置对话框

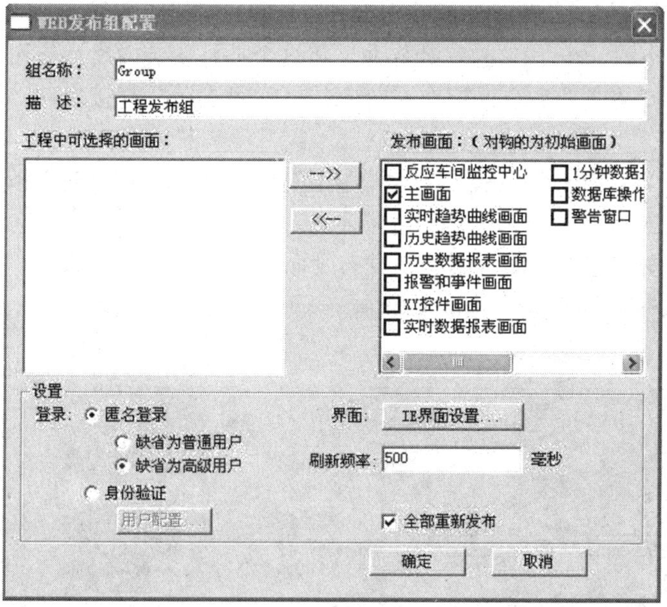

# 第12章 组态王网络功能与Web发布

图12-29 Web发布组配置对话框

"组名称"是 Web 发布组的唯一标识,由用户指定,但同一工程中组名不能相同且组名只能使用英文字母和数字的组合。

在对话框中单击"—》"或"《—"按钮可添加或删除发布的画面。

3）在 IE 端浏览画面

通过以上步骤之后我们就可以在 IE 浏览器浏览画面了,浏览过程如下:

（1）启动组态王运行程序。

（2）打开 IE 浏览器,在浏览器的地址栏中输入地址,地址格式为:

http://发布站点机器名（或 IP 地址）:组态王 Web 定义端口号（如输入 http://192.168.1.51:80）,弹出对话框,如图12-30 所示。

图12-30 画面浏览界面

使用组态王 Web 功能需要 JRE 插件支持，如果客户端没有安装此插件的话，则在第一次浏览画面时系统会下载一个 JRE 的安装界面，将这个插件安装成功后方可以进行浏览。该插件只需安装一次，安装成功后会保留在系统上，以后每次运行直接启动，而不需要重新安装 JRE。

（3）单击组名"GROUP"后弹出安全设置警告对话框。单击"是"按钮后系统会自动安装 JRE 插件，在安装过程中会有安装进度显示。

（4）JRE 插件安装完毕后即可浏览到发布画面，如图 12-31 所示。

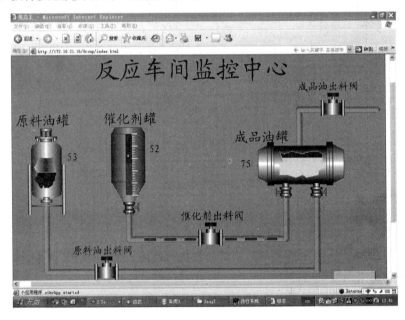

图 12-31　在浏览器中浏览画面

# 第13章

# 基于组态王 Kingview 6.50 的控制实训

## 实训1 基于组态王 Kingview 6.50 实现对机械手的控制实训

### 一、实训目的

(1) 了解机械手的基本结构及控制要求。
(2) 掌握用组态王软件设计机械手动画和程序的编制。

### 二、实训器材

(1) 计算机 1 台
(2) 机械手控制平台 1 台(采用三菱 FX2NPLC 控制)
(3) 组态王 Kingview 6.50 软件 1 套
(4) 工具一套

### 三、实训要求

一个简单的机械手应具有启动、停止、复位、移动和抓放功能。机械手的启动和停止功能应该由操作人员通过启动和停止按钮进行控制。移动和抓放功能则由相应的气缸控制。对应的气缸有 4 个,分别具有抓紧、放开、上移、下移、收入、伸出、左右摆动功能。

具体控制要求是:
(1) 按下上电按钮后,机械手得电进入工作状态。
(2) 按下复位按钮后,复位指示灯闪烁,不管机械手在什么位置;都将回到原始位置。
(3) 按下启动按钮后,启动灯闪烁,当按下运行按钮时,机械手臂伸出→下移→抓紧→

上升→手臂收入→左摆→伸出→下移→放开→上移→手臂收入→右摆,进行一次循环运行,最后回到原始位置,等待下一次运行启动。

## 四、设备 I/O 与变量的分配

机械手控制系统采用三菱 FX2NPLC 进行控制,其 I/O 分配如表 13-1-1 所示,而变量定义如表 13-1-2 所示。

表 13-1-1　参考 I/O 分配

| 输入 | | 输出 | |
|---|---|---|---|
| 对象 | FX2NPLC 接线端子 | 对象 | FX2NPLC 接线端子 |
| 左摆到位,高电平有效 | X0 | 左摆动气缸,高电平有效 | Y0 |
| 右摆到位,高电平有效 | X1 | 右摆动气缸,高电平有效 | Y1 |
| 收入到位,高电平有效 | X2 | 收入气缸,高电平有效 | Y2 |
| 伸出到位,高电平有效 | X3 | 伸出气缸,高电平有效 | Y3 |
| 放开到位,高电平有效 | X4 | 抓紧气缸,高电平有效 | Y4 |
| 上移到位,高电平有效 | X5 | 放松气缸,高电平有效 | Y5 |
| 下移到位,高电平有效 | X6 | 上、下移气缸,置1(下),置0(上) | Y6 |
| 开始按钮,高电平有效 | X10 | 开始灯,高电平有效 | Y10 |
| 复位按钮,高电平有效 | X11 | 复位灯,高电平有效 | Y11 |
| 运行按钮,高电平有效 | X12 | | |
| 上电按钮,高电平有效 | X13 | | |

表 13-1-2　参考变量定义

| 变量名 | 类型 | 初值 | 注释 |
|---|---|---|---|
| X0 | I/O 离散 | 关 | 左摆到位传感器,高电平有效 |
| X1 | I/O 离散 | 关 | 右摆到位传感器,高电平有效 |
| X2 | I/O 离散 | 关 | 收入到位传感器,高电平有效 |
| X3 | I/O 离散 | 关 | 伸出到位传感器,高电平有效 |
| X4 | I/O 离散 | 关 | 放开到位传感器,高电平有效 |
| X5 | I/O 离散 | 关 | 上移到位传感器,高电平有效 |
| X6 | I/O 离散 | 关 | 下移到位传感器,高电平有效 |
| X10 | I/O 离散 | 关 | 开始按钮,高电平有效 |
| X11 | I/O 离散 | 关 | 复位按钮,高电平有效 |
| X12 | I/O 离散 | 关 | 运行按钮,高电平有效 |
| X13 | I/O 离散 | 关 | 上电按钮,高电平有效 |

续表

| 变量名 | 类型 | 初值 | 注释 |
|---|---|---|---|
| Y0 | I/O 离散 | 关 | 左摆动气缸,高电平有效 |
| Y1 | I/O 离散 | 关 | 右摆动气缸,高电平有效 |
| Y2 | I/O 离散 | 关 | 收入气缸,高电平有效 |
| Y3 | I/O 离散 | 关 | 伸出气缸,高电平有效 |
| Y4 | I/O 离散 | 关 | 抓紧气缸,高电平有效 |
| Y5 | I/O 离散 | 关 | 放松气缸,高电平有效 |
| Y6 | I/O 离散 | 关 | 上、下移气缸,置1(下),置0(上) |
| Y10 | I/O 离散 | 关 | 开始灯,高电平有效 |
| Y11 | I/O 离散 | 关 | 复位灯,高电平有效 |
| M0–M19 | I/O 离散 | 关 | 机械手各驱动中间状态,高电平有效 |

## 五、组态画面的设计

(1)组态参考画面如图 13-1-1 所示。画面中除了开始、复位、运行、上电和系统退出按钮以外,主要绘制机械手处于不同位置时状态的画面,为进行动画连接时提供需要显示的画面(本例采用隐含连接进行动画方式)。

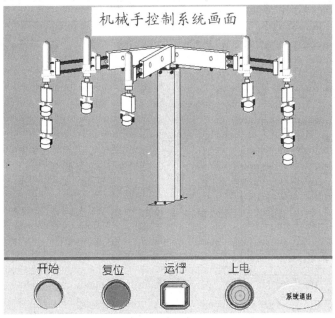

图 13-1-1 机械手控制参考画面

（2）系统运行初始画面如图 13-1-2 所示。机械手处于左边、收入、上移和放开状态，等待启动运行信号进行工作。

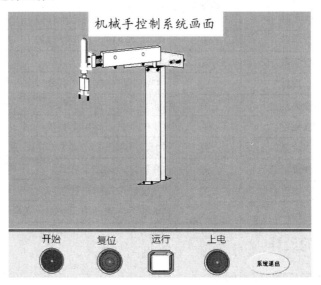

图 13-1-2　机械手运行初始画面

（3）机械手控制系统 PLC 参考程序如图 13-1-3、图 13-1-4、图 13-1-5、图 13-1-6 所示。

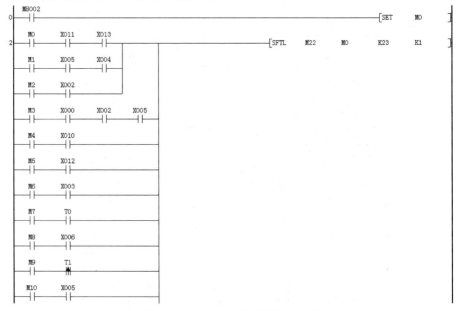

图 13-1-3　PLC 参考程序第一部分

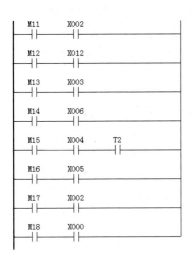

图 13-1-4 PLC 参考程序第二部分

图 13-1-5 PLC 参考程序第三部分

图 13-1-6　PLC 参考程序第四部分

（4）动画连接。

机械手控制系统参考组态画面动画连接示意图，如图 13-1-7 所示。本画面的动画连接采用隐含连接动画连接方式，即当画面中各图素隐含连接表达式为真时将其显示出来，如果表达式不成立时则隐含，具体连接如下：

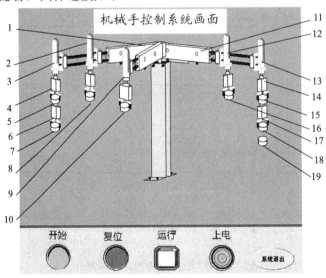

图 13-1-7　组态画面标注示意图

标注 1 图素隐含连接：m0||m1||m2||m3||m4||m5||m6||m7||m8||m9||m10||m11||m19||x16==0

标注 2 图素隐含连接：m0||m1||m2||m3||m4||m5||m11||m19||x16==0

标注 3 图素隐含连接：m6||m7||m8||m9||m10

标注 4 图素隐含连接：m6||m7||m10

标注 5 图素隐含连接：m10

标注 6 图素隐含连接：m8||m9

标注 7 图素隐含连接：m6||m7||m8||m9

标注 8 图素隐含连接：m11

标注 9 图素隐含连接：m12&&x1==0||m18

标注 10 图素隐含连接：m12&&x1==0

标注 11 图素隐含连接：x1&&m12||m13||m14||m15||m16||m17

标注 12 图素隐含连接：x1&&m12||m17

标注 13 图素隐含连接：m13||m14||m15||m16

标注 14 图素隐含连接：m13||m16

标注 15 图素隐含连接：m13

标注 16 图素隐含连接：x1&&m12

标注 17 图素隐含连接：m14||m15

标注 18 图素隐含连接：m14

标注 19 图素隐含连接：m15||m16

## 六、系统调试

（1）制作好的组态画面进行动画连接好，并将PLC编程口与计算机串口进行连接，如图13-1-8所示。并将PLC的通讯参数与组态王设置一致，PLC采用默认的通讯参数，即波特率：9600bps，数据位长度：7位，停止位长度：1位，奇偶校验位：偶校验，同时组态王系统的COM1口要设置要与PLC一致，如图13-1-9所示。

（2）输入程序，将设计好的PLC程序正确的下载到三菱FX2NPLC中。

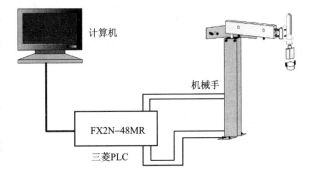

图 13-1-8　系统连接示意图

（3）系统调试，按要求正确将计算机、PLC和机械手连接好，进行系统调试，观察组态画面动画与机械手的运行是否一致，否则，检查组态画面动画隐含连接正确与否，直至组态动画正常运行为止。

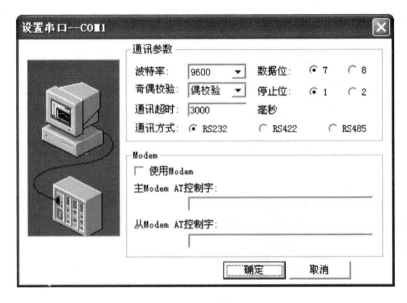

图 13-1-9　设置串口参数

## 七、实训报告

实训报告要求完成常规要求外，描述机械手组态画面的运行情况，总结设计要领，并提出改进意见。

# 实训 2　基于组态王 Kingview 6.50 实现对模拟电梯的控制实训

## 一、实训目的

学习用 Kingview 6.50 和 PLC 实现对模拟电梯的控制

## 二、实训器材

（1）PC 机一台。
（2）Kingview 6.50 组态软件。
（3）西门子 S7-200PLC 一台。
（4）导线、万用表、螺丝刀等工具。

## 三、实训要求

四层教学仿真电梯系统在各类院校的 PLC 实践教学中得到了广泛的利用,其基本控制要求如下:当呼叫电梯的楼层大于电梯所停的楼层时,电梯上升到呼叫层,电梯停止运行;当呼叫电梯的楼层小于电梯所停的楼层时,电梯下降到呼叫层,电梯停止运行;当同时有多层呼梯信号时,电梯先按照同方向依次暂停。

## 四、设备 I/O 与变量的分配

电梯控制系统采用西门子 S7-200PLC 进行控制,其 I/O 分配如表 13-2-1 所示,而变量定义如图 13-2-1 所示。

表 13-2-1 参考 I/O 分配表

| 输入 | | 输出 | |
|---|---|---|---|
| 对象 | S7-200 接线端子 | 对象 | S7-200 接线端子 |
| 复位,高电平有效 | M0.0 | 电梯上升,高电平有效 | Q0.0 |
| 一楼平层开关,高电平有效 | M1.0 | 电梯下降,高电平有效 | Q0.1 |
| 二楼平层开关,高电平有效 | M1.1 | 一层外呼上指示,高电平有效 | Q0.4 |
| 三楼平层开关,高电平有效 | M1.2 | 二层外呼下指示,高电平有效 | Q0.5 |
| 四楼平层开关,高电平有效 | M1.3 | 二层外呼上指示,高电平有效 | Q0.6 |
| 厢内选层按钮 1,高电平有效 | M2.0 | 三层外呼下指示,高电平有效 | Q0.7 |
| 厢内选层按钮 2,高电平有效 | M2.1 | 三层外呼上指示,高电平有效 | Q1.0 |
| 厢内选层按钮 3,高电平有效 | M2.2 | 四层外呼下指示,高电平有效 | Q1.1 |
| 厢内选层按钮 4,高电平有效 | M2.3 | | |
| 一层呼梯按钮,高电平有效 | M3.0 | | |
| 二层呼梯按钮下,高电平有效 | M3.1 | | |
| 二层呼梯按钮上,高电平有效 | M3.2 | | |
| 三层呼梯按钮下,高电平有效 | M3.3 | | |
| 三层呼梯按钮上,高电平有效 | M3.4 | | |
| 四层呼梯按钮,高电平有效 | M3.5 | | |

| 变量名 | 变量描述 | 变量类型 | ID | 连接设备 | 寄存器 |
|---|---|---|---|---|---|
| 厢内选层按钮1 | | I/O离散 | 21 | dianti | M2.0 |
| 电梯轿厢 | | 内存整型 | 22 | | |
| 电梯上升 | | I/O离散 | 23 | dianti | Q0.0 |
| 电梯下降 | | I/O离散 | 24 | dianti | Q0.1 |
| 厢内选层按钮2 | | I/O离散 | 25 | dianti | M2.1 |
| 厢内选层按钮3 | | I/O离散 | 26 | dianti | M2.2 |
| 厢内选层按钮4 | | I/O离散 | 27 | dianti | M2.3 |
| 开门按钮 | | I/O离散 | 28 | dianti | M4.0 |
| 关门按钮 | | I/O离散 | 29 | dianti | M4.1 |
| 一楼平层开关 | | I/O离散 | 30 | dianti | M1.0 |
| 二楼平层开关 | | I/O离散 | 31 | dianti | M1.1 |
| 三楼平层开关 | | I/O离散 | 32 | dianti | M1.2 |
| 四楼平层开关 | | I/O离散 | 33 | dianti | M1.3 |
| 四层呼梯按钮 | | I/O离散 | 34 | dianti | M3.5 |
| 三层呼梯按钮上 | | I/O离散 | 35 | dianti | M3.4 |
| 三层呼梯按钮下 | | I/O离散 | 36 | dianti | M3.3 |
| 二层呼梯按钮上 | | I/O离散 | 37 | dianti | M3.2 |
| 二层呼梯按钮下 | | I/O离散 | 38 | dianti | M3.1 |
| 一层呼梯按钮 | | I/O离散 | 39 | dianti | M3.0 |
| 电梯楼层显示 | | 内存整型 | 40 | | |
| 上升 | | I/O离散 | 41 | dianti | M0.0 |
| 下降 | | I/O离散 | 42 | dianti | M0.1 |
| 一层外呼指示 | | I/O离散 | 43 | dianti | Q0.4 |
| 二层外呼下指示 | | I/O离散 | 44 | dianti | Q0.5 |
| 二层外呼上指示 | | I/O离散 | 45 | dianti | Q0.6 |
| 三层外呼下指示 | | I/O离散 | 46 | dianti | Q0.7 |
| 三层外呼上指示 | | I/O离散 | 47 | dianti | Q1.0 |
| 四层外呼下指示 | | I/O离散 | 48 | dianti | Q1.1 |
| 速度 | | 内存整型 | 49 | | |
| 复位 | | I/O离散 | 50 | dianti | M0.0 |

图 13-2-1 参考变量定义

## 五、组态画面的设计

（1）在组态王"画面"上创建四层教学仿真电梯系统的控制示意图，如图 13-2-2 所示，建立各个按钮及位图，并将各个控制按钮、指示灯及位图与所建立相应变量关联，进行动画连接。

在应用程序命令语言的启动时、运行时和停止时分别输入一下命令语言：

① 启动时：

\\本站点\速度=2;

\\本站点\电梯轿厢=0;

② 运行时：

if(\\本站点\电梯上升==1)

    {

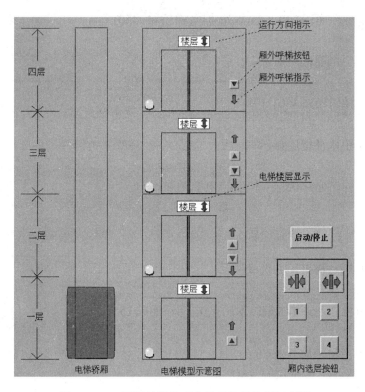

图 13-2-2　四层教学仿真电梯系统的控制示意图

\\本站点\电梯轿厢=\\本站点\电梯轿厢+\\本站点\速度;
　　}
if(\\本站点\电梯下降==1)
　　{
　　\\本站点\电梯轿厢=\\本站点\电梯轿厢-\\本站点\速度;
　　}
if(\\本站点\电梯轿厢>=0 &&\\本站点\电梯轿厢<150)
　　{
　　\\本站点\电梯楼层显示=1;
　　}
if(\\本站点\电梯轿厢>=150 &&\\本站点\电梯轿厢<300)
　　{
　　\\本站点\电梯楼层显示=2;
　　}

```
if(\\本站点\电梯轿厢>=300 &&\\本站点\电梯轿厢<450)
    {
    \\本站点\电梯楼层显示=3;
    }
if(\\本站点\电梯轿厢>=450)
    {
    \\本站点\电梯楼层显示=4;
    }
if(\\本站点\电梯轿厢>=0&&\\本站点\电梯轿厢<=5)
    {
    \\本站点\一楼平层开关=1;
  else
    \\本站点\一楼平层开关=0;
    }
if(\\本站点\电梯轿厢>=145&&\\本站点\电梯轿厢<=155)
    {
    \\本站点\二楼平层开关=1;
    else \\本站点\二楼平层开关=0;
    }
if(\\本站点\电梯轿厢>=295&&\\本站点\电梯轿厢<=305)
    {
    \\本站点\三楼平层开关=1;
    else \\本站点\三楼平层开关=0;
    }
if(\\本站点\电梯轿厢>=445)
    {
    \\本站点\四楼平层开关=1;
else
    \\本站点\四楼平层开关=0;
    }
③ 停止时：
\\本站点\电梯轿厢=0;
\\本站点\一层呼梯按钮=0;
\\本站点\二层呼梯按钮下=0;
```

\\本站点\二层呼梯按钮上=0;
\\本站点\三层呼梯按钮下=0;
\\本站点\三层呼梯按钮上=0;
\\本站点\四层呼梯按钮=0;
\\本站点\厢内选层按钮1=0;
\\本站点\厢内选层按钮2=0;
\\本站点\厢内选层按钮3=0;
\\本站点\厢内选层按钮4=0;

2. 电梯控制系统PLC参考程序如图13-2-3所示。

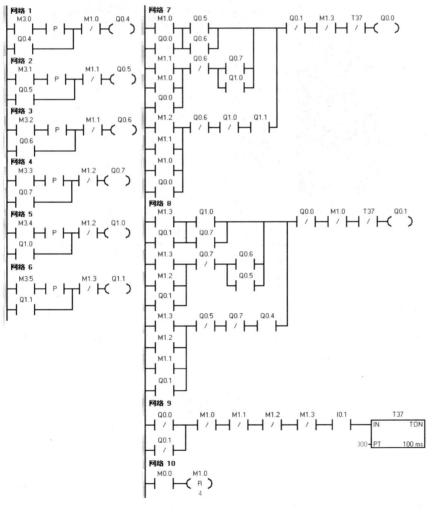

图13-2-3　PLC参考程序

## 六、系统调试

（1）制作好的组态画面进行动画连接好，并将 PLC 编程口与计算机串口进行连接，并对 PLC 的通讯参数与组态王设置一致，PLC 采用默认的通讯参数，即波特率：9 600 bps，数据位长度：8 位，停止位长度：1 位，奇偶校验位：偶校验，同时组态王系统的 COM1 口设置要与 PLC 一致，如图 13-2-4 所示。

（2）输入程序，将设计好的 PLC 程序正确的下载到西门子 S7-200PLC 中。

（3）系统调试，按要求正确将计算机和 PLC 连接好，进行系统调试，观察组态画面动画运行效果是否正常，否则，检查组态画面动画命令语言正确与否，直至修改组态动画正常运行为止。

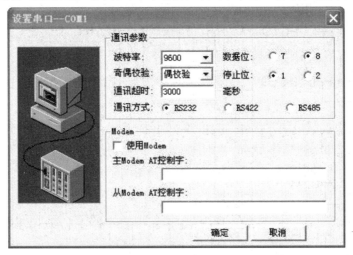

图 13-2-4　设置串口参数

## 七、实训报告

实训报告要求完成常规要求外，要画出完整的控制原理图，写出详细的动画连接设置和完整对应的画面命令语言程序。

## 实训 3　基于组态王 Kingview 6.50 实现对自动大门控制的实训

### 一、实训目的

学习用 Kingview 6.50 和智能模块实现对自动门的控制。

## 二、实训器材

(1) PC 机一台。
(2) Kingview 6.50 组态软件。
(3) 智能模块 ADAM4020 和 ADAM4050 各一块。
(4) 导线、万用表、螺丝刀等工具。

## 三、实训要求

自动大门的控制要求如下：
(1) 门卫在警卫室通过开门开关、关门开关和停止开关控制大门。
(2) 当门卫按下开门开关后，报警灯开始闪烁。5 s 后，开门接触器闭合，门开始打开，直到碰到开门限位开关（门完全打开）时，门停止运动，报警灯停止闪烁。
(3) 当门卫按下关门开关时，报警灯开始闪烁，5 s 后，关门接触器闭合，门开始关闭，直到碰到关门限位开关（门完全关闭）时，门停止运动，报警灯停止闪烁。
(4) 在门运动过程中，任何时候只要门卫按下停止开关，门马上停在当前位置，报警灯停闪。
(5) 关门过程中，只要门夹住人或物品，安全压力挡板就会受到额定压力，门立即停止运动，以防止发生伤害。
(6) 开门开关和关门开关都按下时，两个接触器都不动作，并进行错误提示。

## 四、设备 I/O 与变量的分配

ADAM4050 为 7 通道数字量输入、8 通道数字量输出的 I/O 模块作执行器件，ADAM4020 为 RS-232 与 RS-485 转换模块，ADAM4050 通过 ADAM4020 同 PC 机相连接，再用组态王 Kingview 6.50 实现控制自动门。

1. I/O 分配

参考 I/O 分配见表 13-3-1。

表 13-3-1 参考 I/O 分配

| 输 入 | | 输 出 | |
|---|---|---|---|
| 对 象 | ADAM4050 接线端子 | 对 象 | ADAM4050 接线端子 |
| SB1（开门开关），低电平有效 | DI0 | Y1（开门接触器），高电平有效 | DO0 |
| SB2（关门开关），低电平有效 | DI1 | Y2（关门接触器），高电平有效 | DO1 |
| SB3（停止开关），低电平有效 | DI2 | Y3（报警指示灯），高电平有效 | DO2 |
| SQ1（关门限位开关），低电平有效 | DI3 | | |
| SQ2（开门限位开关），低电平有效 | DI4 | | |
| SQ3（安全压力挡板），低电平有效 | DI5 | | |

## 2. 变量定义

参考变量定义见表 13-3-2。

表 13-3-2　参考变量定义

| 变量名 | 类型 | 寄存器 | 初值 | 注　释 |
|---|---|---|---|---|
| 开门 | I/O 离散 | DRIN0 | 1 | 按钮，按 0 松 1，下降沿有效，要求开门 |
| 关门 | I/O 离散 | DRIN1 | 1 | 按钮，按 0 松 1，下降沿有效，要求关门 |
| 停止 | I/O 离散 | DRIN2 | 1 | 按钮，按 0 松 1，下降沿有效，要求停止 |
| SQ1 | I/O 离散 | DRIN3 | 1 | 开关，=0：门已全关 |
| SQ2 | I/O 离散 | DRIN4 | 1 | 开关，=0：门已全开 |
| SQ3 | I/O 离散 | DRIN5 | 1 | 开关，=0：夹住物体 |
| Y1 | I/O 离散 | DRW0 | 0 | =1：开门接触器通电 |
| Y2 | I/O 离散 | DRW1 | 0 | =1：关门接触器通电 |
| Y3 | I/O 离散 | DRW2 | 0 | =1：报警指示灯闪烁 |
| 水平移动 | 内存整数 |  | 100 | 大门动画缩放 |
| 状态 | 内存整数 |  | 3 | =1：开门状态，=1：关门状态，=1：停止状态 |
| 定时 5 s | 内存整数 |  | 0 | 5 s 定时器 |
| 错误状态 | 内存离散 |  | 0 | =1：错误提示 |

## 五、组态画面的设计

### 1. 监控画面制作

参考画面如图 13-3-1 所示。画面中除了大门、墙体外，还设计了 3 个按钮，即开门、关门和停止按钮，作用与对象 SB1、SB2 和 SB3 相同，运行中按下其中一个按钮，门做相应动作。SQ1、SQ2 和 SQ3 分别是关门限位开关、开门限位开关和安全压力挡板开关。Y1、Y2 和 Y3 分别是开门接触器、关门接触器和报警指示灯。"操作错误！开门和关门开关不能同时按下！"是操作错误提示文字。

### 2. 动画连接

下面只给出基本动画连接要求与实现方法提示。读者可根据题意设计出更多的动画效果。

（1）三个按钮动画效果。要求：运行时按下置 0，松开置 1。

（2）限位开关和安全压力挡板动画效果。要求：运行时按住置 0，松开置 1，用颜色变化表示开关接通和断开状态。安全压力挡板安装在大门上，应能随大门移动，采用水平移动动画连接。

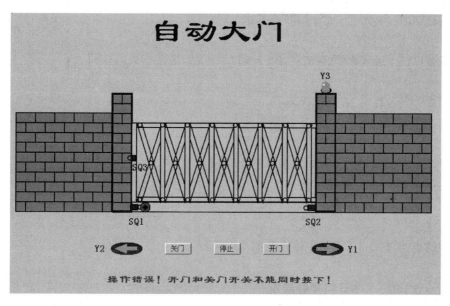

图 13-3-1　自动大门监控参考画面

（3）开门和关门接触器指示灯动画效果。要求：进行开门、关门状态指示和方向指示。

（4）报警指示灯动画效果。要求：开门和关门时报警灯闪烁。

（5）大门动画效果。要求：门能根据运动情况进行缩放，采用水平缩放连接。为了动画连接方便，可将大门上所有的元素（除了轮子和安全压力挡板外）组合成一个图素。大门的轮子单独作水平移动连接。

（6）错误提示动画效果。要求：运行时如果操作人员将开门和关门同时按下，在画面上显示信息："操作错误！开门和关门开关不能同时按下！"，直到操作人员改正错误。

**3. 画面命令语言编写**

控制程序的编写要从简到难，一个功能一个功能地实现。编写一个功能，调试一个功能，调试成功后，再加入新的功能，反复进行调试修改。调试时可在画面中增加一些变量（如水平移动、状态、定时 5 s 等）的显示输出，以便分析错误。也可把有关变量的属性改为"读写"，就可以脱离硬件直接给进信号调试。

参考画面命令语言如下：

（监控画面存在时每隔 100 ms 执行一次）

if(\\本站点\开门==0&&\\本站点\关门==1)　　//如果按下开门按钮
　{
　\\本站点\状态=1;　　//开门状态

```
        \\本站点\定时 5s=0;      //5s 定时器复位
    }
    if(\\本站点\关门==0&&\\本站点\开门==1)       //如果按下关门按钮
    {
    \\本站点\状态=2;      //关门状态
    \\本站点\定时 5s=0;      //5s 定时器复位
    }
    if(\\本站点\停止==0)      //如果按下停止按钮
    \\本站点\状态=3;      //停止状态

    //停止状态
    if(\\本站点\状态==3)      //在停止状态
    {
    \\本站点\Y1=0;      //开门接触器断开
    \\本站点\Y2=0;      //关门接触器断开
    \\本站点\Y3=0;      //指示灯停止闪烁
    \\本站点\错误状态=0;      //撤销错误提示
    }

    //错误状态
    if(\\本站点\开门==0&&\\本站点\关门==0&&\\本站点\停止==1)      //如果同时按下开门
和关门按钮
    {
    \\本站点\状态=0;      //在空状态
    \\本站点\Y1=0;      //开门接触器断开
    \\本站点\Y2=0;      //关门接触器断开
    \\本站点\Y3=0;      //指示灯停止闪烁
    \\本站点\错误状态=1;      //错误提示
    }

    //关门状态
    if(\\本站点\状态==2)      //在关门状态
    {
        \\本站点\错误状态=0;      //撤销错误提示
```

```
if(\\本站点\SQ1==0||\\本站点\SQ3==0)        //如果门全关上或夹住物体
{
    \\本站点\Y3=0;       //指示灯停止闪烁
    \\本站点\Y2=0;       //关门接触器断开
}
else
{
    \\本站点\Y3=1;       //指示灯闪烁
    \\本站点\Y1=0;       //开门接触器断开
    \\本站点\定时 5s=\\本站点\定时 5s+1;        //5s 定时计时
        if(\\本站点\定时 5s>=50)      //5s 定时到
            \\本站点\Y2=1;       //关门接触器接通
}
}


//开门状态
if(\\本站点\状态==1)       //在开门状态
{
    \\本站点\错误状态=0;      //撤销错误提示
    if(\\本站点\SQ2==0)       //如果门全打开
    {
        \\本站点\Y3=0;       //指示灯停止闪烁
        \\本站点\Y1=0;       //开门接触器断开
    }
    else
    {
        \\本站点\Y3=1;       //指示灯闪烁
        \\本站点\Y2=0;       //关门接触器断开
        \\本站点\定时 5s=\\本站点\定时 5s+1;        //5s 定时计时
            if(\\本站点\定时 5s>=50)      //5s 定时到
                \\本站点\Y1=1;       //开门接触器接通
    }
}
```

//大门移动动画效果
if(\\本站点\Y2==1)      //如果关门接触器接通
\\本站点\水平移动=\\本站点\水平移动+5;      //关门效果
if(\\本站点\Y1==1)      //如果开门接触器接通
\\本站点\水平移动=\\本站点\水平移动-5;      //开门效果

## 六、系统调试

1. 智能模块 ADAM4050 连接和配置

ADAM4050 是 7 通道数字量输入、8 通道数字量输出的 I/O 模块，为 RS–485 接口，不能直接同 PC 机（为 RS–232 接口）连接通讯，需通过接口转换模块 ADAM4020 转换。通讯连线如图 13–3–2 所示。

ADAM4050 的输入/输出接法如图 13–3–3 所示。图中分别以 DI0 和 DO0 为例，控制开关闭合时 DI0 为"0"状态，断开时 DI0 为"1"状态；DO0 输出"0"时继电器断电，输出"1"时继电器通电。

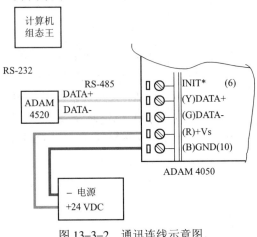

图 13–3–2  通讯连线示意图

ADAM4050 使用前还必须进行通讯参数配置。在 ADAM4000－5000 Utility 的软件中，选中 ADAM4050 连接的串行口 COM1 或 COM2，点击工具栏快捷键 search 进行搜索，如图 13–3–4 所示。

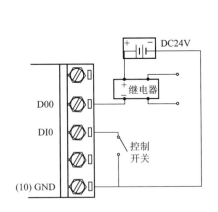

图 13–3–3  ADAM4050 的输入/输出接法示意图

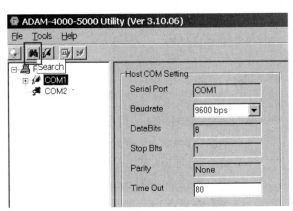

图 13–3–4  ADAM Utility 搜索窗

搜索到 ADAM4050 模块后，点击模块，进入测试/配置界面。如图 13–3–5 所示。在此界面中可监测 DI0～DI6 的状态，也可直接给 DO0～DO7 赋值。还可以更改 ADAM4050 的地址和通讯参数。

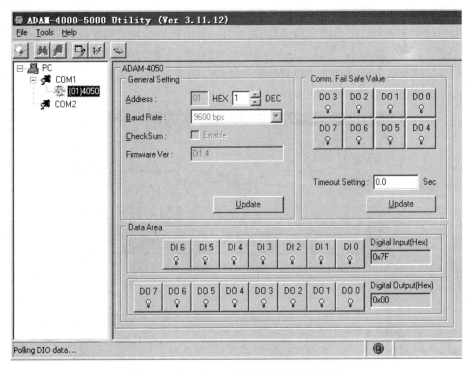

图 13-3-5　ADAM4050 的测试/配置界面

要更改 ADAM4050 的地址和通讯参数，先将 ADAM4050 模块的 init*和 GND 短接，重新上电，此时进入模块的初始化状态，在测试/配置界面可以配置模块的地址、通讯速率、量程范围、数据格式和工作方式、通讯协议等。将需要的选项进行修改，最后执行 Update。

完成设置后，将 init*和 GND 不短接，重新对模块上电，进入正常工作模式。

本例中 ADAM4050 模块的配置为：

　　Address（模块地址）：1

　　Baud Rate（波特率）：9 600 bps

　　Check Sum（校验和）：无

2. 组态王中测试 ADAM4050

要使 ADAM4050 模块与组态王通讯成功，组态王通讯参数必须与 ADAM4050 模块的设置相一致。本例中组态王 COM1 口参数设为：

　　波特率：9 600

数据位：8
停止位：1
奇偶校验：无校验

在COM1口中选中已定义的设备ADAM4050，单击鼠标右键，选择测试命令，单击鼠标左键，弹出串口设备测试窗，如图13-3-6所示。在此测试窗中可直接测试ADAM4050模块的输入/输出寄存器状态，以验证ADAM4050模块与组态王通讯成功。要注意通讯参数项设置必须与ADAM4050模块的配置相同。

图13-3-6 串口设备测试窗

### 3. 在VIEW中调试

在组态王VIEW中调试前，需要确保硬件连线正确。实际系统中开关量输入（DI）是从限位开关和按钮送入的，考虑到它们某些特殊性，可以根据情况改变或删除它们的属性，也可以加操作权限，以防被人误操作。例如可以取消画面中开门限位开关对象的按钮动作属性。

另外，实际对象与设计时的考虑常常有差别，例如实际使用的开关类型、有效电平、对象特性以及接口设备等，在线运行效果可能会和计算机上的模拟调试有差别，需要进行设计调整。

## 七、实训报告

实训报告要求完成常规要求外,要画出完整的控制原理图,写出详细的动画连接设置和完整对应的画面命令语言程序。

# 实训 4　基于组态王 Kingview 6.50 实现恒压供水控制的实训

## 一、实训目的

学习用 Kingview 6.50 和智能模块实现恒压供水的控制。

## 二、实训器材

(1) PC 机一台。
(2) Kingview 6.50 组态软件。
(3) 智能模块 ADAM4020 和 ADAM4022T 各一块。
(4) 导线、万用表、螺丝刀等工具。

## 三、实训要求

恒压供水即根据网管的压力,通过变频器控制水泵的转速,使水管中的压力始终保持在合适的范围,其控制要求如下:

(1) 在水池水位较高时,闭合运行开关则启动变频器,断开运行开关则变频器停止输出。
(2) 在水池水位过低时,自动停止变频器输出,并进行错误提示。
(3) 使用 PID 闭环控制,且能方便更改 PID 参数。

## 四、设备 I/O 与变量的分配

ADAM4022T 具有 4 路模拟量输入、2 路模拟量输出、2 路数字量输入和 2 路数字量输出功能。自身具有 PID 功能可以通过软件来进行 PID 参数设定,在仅仅需要进行模拟量输入和输出的数值时候,还可以通过软件将其设置为简单的模拟量 I/O 模块。ADAM4022T 为 RS-485 接口,需通过 ADAM4020 转换才能同 PC 机相连接,本例中 ADAM4022T 作为简单的模拟量 I/O 模块,利用组态王 Kingview 6.50 中的 PID 控件实现恒压控制。

1. I/O 分配

参考 I/O 分配见表 13-4-1。

表 13-4-1　参考 I/O 分配

| 输　　入 | | 输　　出 | |
|---|---|---|---|
| 对　　象 | ADAM4022T 接线端子 | 对　　象 | ADAM4022T 接线端子 |
| 液位开关，低电平有效 | DI0 | 变频器启动开关，高电平有效 | DO0 |
| 运行开关，低电平有效 | DI1 | 输出控制，模拟量 0～10V | AO0 |
| 压力反馈，模拟量 0～10 V | PV0 | | |
| 压力给定，模拟量 0～10 V | PV1 | | |

2. 变量定义

参考变量定义见表 13-4-2。

表 13-4-2　参考变量定义

| 变量名 | 类型 | 寄存器 | 初值 | 注　　释 |
|---|---|---|---|---|
| 液位开关 | I/O 离散 | DRDI0 | 1 | 开关，=0：液位较高 |
| 运行开关 | I/O 离散 | DRDI1 | 1 | 开关，=0：运行系统 |
| 变频器启动开关 | I/O 离散 | DRDO0 | 0 | 开关，=1：启动变频器 |
| 压力反馈 | I/O 实数 | AIMIN0 | 0 | 由压力变送器反馈网管压力对应的电压 |
| 压力给定 | I/O 实数 | AIMIN1 | 0 | 目标压力对应的电压 |
| 输出控制 | I/O 实数 | ADRB0 | 0 | 变频器频率给定值 |
| Kp | 内存实数 | | 1 | PID 调节的比例系数 |
| Ti | 内存整数 | | 200 | PID 调节的积分时间 |
| Td | 内存整数 | | 50 | PID 调节的微分时间 |
| 水流 | 内存实数 | | 0 | 水流动画效果 |

## 五、组态画面的设计

1. 监控画面制作

参考画面如图 13-4-1 所示。画面中设计了水池、水泵、水管和房屋等，还设计了 2 个开关，即运行开关和液位开关，开关动作时相应用不同颜色表示。DO0 连接变频器的启动控制端，也用不同颜色表示变频器运行和停止状态。PID 控件下设计了直接增减 P、I、D 三个参数的控制键。"水池水位过低！"是水位过低时的错误提示文字。

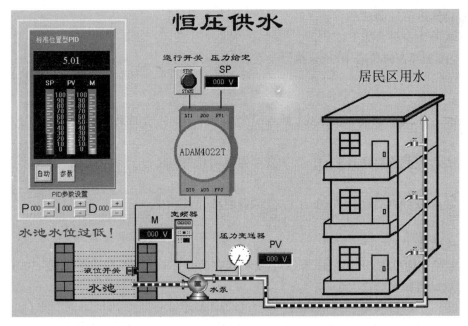

图 13-4-1　恒压供水监控参考画面

2. 动画连接

下面只给出基本动画连接要求与实现方法提示。读者可根据题意设计出更多的动画效果。

（1）两个开关动画效果。要求：单击开关，相应变量置 0，再单击，置 1。同时用颜色变化表示开关接通和断开状态。

（2）变频器动画效果。要求：DO0 为 1 时，变频器启动，用颜色变化表示变频器运行和停止状态。

（3）水泵动画效果。要求：变频器运行时，水泵通电运行，用颜色变化表示。

（4）PID 控制动画效果。要求：压力给定 SP、压力变送器反馈 PV 和变频器频率给定 M 都显示出具体数值。P、I、D 三个参数直接显示，能通过按键修改，也能直接输入。

（5）水流动画效果。要求：变频器启动且给定频率大于 0 时，显示水流并显示其流动，且变频器给定频率越大水流流动越快。

（6）水位过低错误提示动画效果。要求：运行时如果水位过低液位开关断开，在画面上显示信息："水池水位过低！"，并闪烁。

3. 画面命令语言编写

控制程序的编写要从简到难，一个功能一个功能地实现。编写一个功能，调试一个功能，调试成功后，再加入新的功能，反复进行调试修改。调试时可在画面中增加一些变量（如 SP、PV 等）的输入给定和显示，以便分析错误。也可把有关变量地属性改为"读写"，就可以脱离硬件直接给进信号调试。

参考画面命令语言如下：

（监控画面存在时每隔 100 ms 执行一次）

//变频启动
if(\\本站点\液位开关==0&&\\本站点\运行开关==0)        //如果液位开关和运行开关都闭合

\\本站点\变频器启动开关=1;        //变频器启动开关闭合
else
\\本站点\变频器启动开关=0;        //变频器启动开关断开

//水流动画
if(\\本站点\控制输出>0&&\\本站点\变频器启动开关==1&&\\本站点\水流<100)        //如果变频器启动且频率给定大于 0
{
\\本站点\水流=\\本站点\水流+\\本站点\控制输出*5;        //频率给定值越大，水流移动越快
}
else
{
\\本站点\水流=0;
}

## 六、系统调试

1. 智能模块 ADAM4022T 连接和配置

ADAM4022T 为 RS-485 接口，需通过接口转换模块 ADAM4020 转换，才能同 PC 机（为 RS-232 接口）连接通迅。

控制开关闭合时 DI 为"0"状态，断开时 DI 为"1"状态；DO 输出"0"时继电器断电，输出"1"时继电器通电。

ADAM4022T 的 4 路模拟量输入（输入类型：mA, V, RTD, 热敏电阻；输入范围：0~20 mA, 4~20 mA, 0~10 VDC），2 路模拟量输出（输出类型：mA, V；输出范围：0~20 mA, 4~20 mA, 0~10 V）。其接线如图 13-4-2 所示。模拟量输入/输出的类型通过跳线设定，跳线设置如图 13-4-3 所示；图中"I"表示电流信号，"V"表示电压信号，输入默认为"V"，输出默认为"I"。

本例中模拟输入和模拟输出类型都跳为"V"。

第13章 基于组态王Kingview 6.50的控制实训

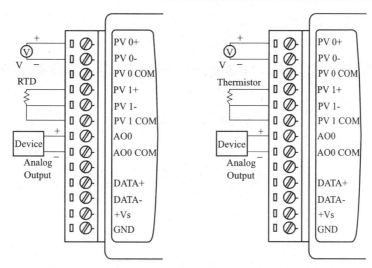

图 13-4-2 ADAM4022T 的模拟量输入/输出接法示意图

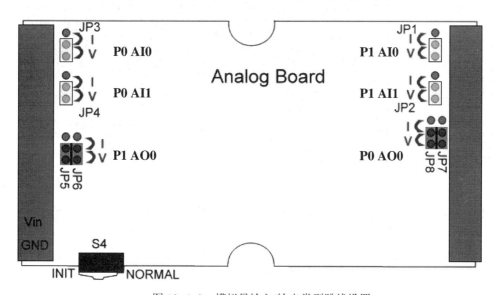

图 13-4-3 模拟量输入/输出类型跳线设置

ADAM4022T 使用前还必须进行通讯参数配置。在 ADAM4000－5000 Utility 的软件中，选中 ADAM4022T 连接的串行口 COM1 或 COM2，点击工具栏快捷键 search 进行搜索。

搜索到 ADAM4022T 模块后，点击模块，进入测试/配置界面。如图 13-4-4 所示。在 Input 项可监测 DI0～DI1 的状态，变更 PV0～PV3 的输入值范围，并读取具体值。在 Output 项可直接给 DO0～DO1 赋值，变更 AO0～AO1 的输出值范围，并手动输出具体值。在 PID 项设

259

定PID参数，本例不使用ADAM4022T的PID功能，故Loop 0的控制方式设定为"Free"。在General项还可以更改ADAM4022T的地址和通讯参数。

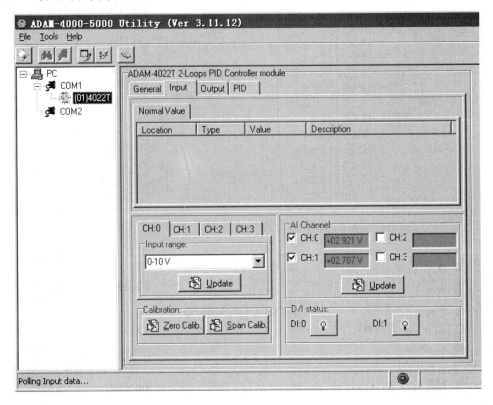

图13-4-4　ADAM4050的测试/配置界面

要更改ADAM4022T的地址和通讯参数，先将ADAM4022T模块的S4开关拨到Init，重新上电，此时进入模块的初始化状态，在测试/配置界面可以配置模块的地址、通讯速率、量程范围、数据格式和工作方式、通讯协议等。将需要的选项进行修改，最后执行Update。

完成设置后，将S4开关拨到Normal，重新对模块上电，进入正常工作模式。

本例中ADAM4050模块的配置为：

  Address（模块地址）：1

  Baud Rate（波特率）：9 600 bps

  Check Sum（校验和）：无

  Protocol（协议选择）：ADVANTECH

2. 组态王中测试ADAM4050

要使ADAM4022T模块与组态王通讯成功，组态王通讯参数必须与ADAM4022T模块的设置相一致。本例中组态王COM1口参数设为：

　　　　波特率：9 600

　　　　数据位：8

　　　　停止位：1

　　　　奇偶校验：无校验

在COM1口中选中已定义的设备ADAM4022T，单击鼠标右键，选择测试命令，单击鼠标左键，弹出串口设备测试窗，如图13-4-5所示。在此测试窗中可直接测试ADAM4022T模块的输入/输出寄存器状态，以验证ADAM4022T模块与组态王通讯成功。要注意通讯参数项设置必须与ADAM4022T模块的配置相同。

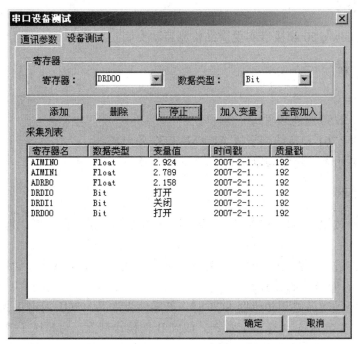

图13-4-5　串口设备测试窗

3. 在VIEW中调试

在组态王VIEW中调试前，需要确保硬件连线正确。液位开关输入比较特殊，以防被人误操作，可以根据情况改变或删除它们的属性，也可以加操作权限。

另外，变量的读写属性必须设置正确，模拟量的采集频率必须根据实际情况设置，以达到迅速准确反映对象的变化，从而实现准确控制的要求。

## 七、实训报告

实训报告要求完成常规要求外,要画出完整的控制原理图,写出详细的动画连接设置和完整对应的画面命令语言程序。

# 实训 5　基于组态王 Kingview 6.50 实现次品检测自动控制的实训

## 一、实训目的

学习用 Kingview 6.50 和板卡实现次品检测自动控制。

## 二、实训器材

（1）PC 机一台。
（2）Kingview 6.50 组态软件。
（3）板卡 PCI-1761 和接线端子板 ADAM-3937 各一块。
（4）导线、万用表、螺丝刀等工具。

## 三、实训要求

（1）按下启动按钮,电机 Y1 运转,传送带 A 做连续运行。按下停止按钮,系统停止运行。

（2）当零件经过传感器 SQ2 时,若为正品零件,SQ2 输出正脉冲,计数达到 15 个时,正品计数灯亮 3 s,重新开始计数。

（3）当零件经过次品监测传感器 SQ1 时,若零件为次品,SQ1 输出正脉冲,电机 Y1 停止,机械手 Y6 把次品从 A 传送带上拿走,放到 B 输传送带上。待机械手复位后,启动传送带电机 Y2 和 Y1,把次品经传送带 B 带走。经 15 s 延时,切断 B 传送带。

（4）当次品达到 5 个时,发出报警信号,报警灯 Y5 亮,系统停止运行。

## 四、设备 I/O 与变量的分配

PCI-1761 板卡是开关量板卡,提供的 8 路光隔离数字量输入和 8 路继电器输出。只要将板卡插入计算机空闲的 PCI 插槽中,再安装相应的驱动程序,就能直接使用。本例中使用 PCI-1761 板卡作为输入/输出器件,由组态王 Kingview 6.50 实现逻辑控制。

1. I/O 分配

参考 I/O 分配见表 13-5-1。

**表 13-5-1　参考 I/O 分配**

| 输　入 | | 输　出 | |
|---|---|---|---|
| 对　象 | PCI-1761 接线端子 | 对　象 | PCI-1761 接线端子 |
| SB1（启动），高电平有效 | IDI0 | Y1（A 传送带），高电平有效 | R0 |
| SB2（停止），高电平有效 | IDI1 | Y2（B 传送带），高电平有效 | R1 |
| SQ1（次品监测），上升沿有效 | IDI2 | Y3（正品计数灯），高电平有效 | R2 |
| SQ2（正品监测），上升沿有效 | IDI3 | Y4（次品计数灯），高电平有效 | R3 |
| SQ3（机械手复位），高电平有效 | IDI4 | Y5（报警灯），高电平有效 | R4 |
|  |  | Y6（机械手），高电平有效 | R5 |

2. 变量定义

参考变量定义见表 13-5-2。

**表 13-5-2　参考变量定义**

| 变量名 | 类型 | 寄存器 | 初值 | 注　释 |
|---|---|---|---|---|
| SB1 | I/O 离散 | DI0 | 0 | 按钮，按 1 松 0，启动系统 |
| SB2 | I/O 离散 | DI1 | 0 | 按钮，按 1 松 0，停止系统 |
| SQ1 | I/O 离散 | DI2 | 0 | 脉冲信号，上升沿监测到次品 |
| SQ2 | I/O 离散 | DI3 | 0 | 脉冲信号，上升沿监测到零件 |
| SQ3 | I/O 离散 | DI4 | 0 | 开关，=1：机械手已复位 |
| Y1 | I/O 离散 | DO0 | 0 | =1：A 传送带电机 Y1 转动 |
| Y2 | I/O 离散 | DO1 | 0 | =1：B 传送带电机 Y2 转动 |
| Y3 | I/O 离散 | DO2 | 0 | =1：正品计数指示灯亮 |
| Y4 | I/O 离散 | DO3 | 0 | =1：次品计数指示灯亮 |
| Y5 | I/O 离散 | DO4 | 0 | =1：报警指示灯亮 |
| Y6 | I/O 离散 | DO5 | 0 | =1：机械手动作 |
| 正品计数 | 内存整型 |  | 0 | 正品计数值 |
| 次品计数 | 内存整型 |  | 0 | 次品计数值 |
| 水平移动 | 内存整型 |  | 0 | 工件在 A 传送带上移动 |
| 垂直移动 | 内存整型 |  | 0 | 工件在 B 传送带上移动 |
| 定时 3 s | 内存整型 |  | 0 | 3 s 定时器 |
| 定时 5 s | 内存整型 |  | 0 | 5 s 定时器 |
| 正品计数满 | 内存离散 |  | 0 | =1：正品计满 15 个 |
| 次品计数满 | 内存离散 |  | 0 | =1：次品计满 5 个 |
| 机械手动画 | 内存整型 |  | 0 | 机械手旋转 |
| 机械手返回 | 内存离散 |  | 0 | =1：机械手返回过程 |
| 次品 | 内存离散 |  | 0 | =1：监测到次品 |

## 五、组态画面的设计

1. 监控画面制作

参考画面如图 13-5-1 所示。画面中设计了输送带、电机、机械手和检测传感器等,设计了启动和停止 2 个按钮,能从画面上直接控制系统启/停。三个指示灯分别指示检测零件的结果,并以数字形式显示正品和次品数。

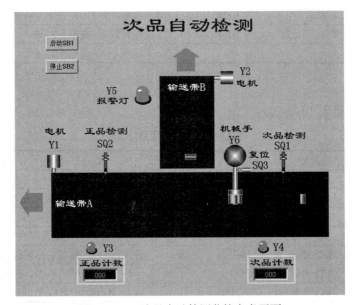

图 13-5-1　次品自动检测监控参考画面

2. 动画连接

下面只给出基本动画连接要求与实现方法提示。读者可根据题意设计出更多的动画效果。

(1) 两个按钮和两个检测开关动画效果。要求:运行时按下置 1,松开置 0,用颜色变化表示不同状态。

(2) 三个指示灯动画效果。要求:报警和计数时,相应的指示灯点亮,用颜色变化表示。

(3) 正/次品计数窗动画效果。要求:实时显示正品和次品的个数。

(4) 输送带动画效果。要求:电机通电时表现输送带传送方向,用闪烁表示,同时输送带上的工件进行移动。无次品时,输送带 B 上看不到工件。

(5) 机械手动画效果。要求:机械手通电时,机械手抓起工件顺时针转动 90°,工件放到输送带 B 后,机械手返回,此时看不到机械手上的工件。

3. 画面命令语言编写

控制程序的编写要从简到难,一个功能一个功能地实现。编写一个功能,调试一个功能,调试成功后,再加入新的功能,反复进行调试修改。调试时可在画面中增加一些变量(如定时 3 s、定时 15 s、次品等)的输出显示,以便分析错误。也可把有关变量地属性改为"读写",就可以脱离硬件直接给进信号调试。

参考画面命令语言如下:

(监控画面存在时每隔 100 ms 执行一次)

```
//启动状态
if(\\本站点\SB1==1)      //如果按下启动按钮
{
\\本站点\Y1=1;        //A 传送带电机通电
\\本站点\正品计数=0;       //内部中间变量复位
\\本站点\次品计数=0;
\\本站点\定时 3s=0;
\\本站点\次品=0;
\\本站点\机械手返回=0;
\\本站点\定时 15s=0;
}


//A 传送带上的工件左移动画
if(\\本站点\Y1==1&&\\本站点\水平移动<100)   //如果 A 传送带电机通电
{
\\本站点\水平移动=\\本站点\水平移动+5;    //A 传送带上工件左移动画
}
else
{
\\本站点\水平移动=0;
}


//停止状态
if(\\本站点\SB2==1)      //如果按下停止按钮
{
\\本站点\Y1=0;     //A 传送带电机断电
\\本站点\Y2=0;     //B 传送带电机断电
\\本站点\Y3=0;     //正品计数灯灭
```

```
\\本站点\Y4=0;        //次品计数灯灭
\\本站点\Y5=0;        //报警灯灭
\\本站点\Y6=0;        //机械手停止
}

//检测正品满 15 个
if(\\本站点\SQ2==1)        //如果检测到正品
\\本站点\正品计数=\\本站点\正品计数+1;        //计算正品数
if(\\本站点\正品计数==15)        //如果正品满 15 个
{
\\本站点\正品计数满=1;        //正品计数满 15 个
\\本站点\正品计数=0;        //重新计算正品数
}
if(\\本站点\正品计数满==1)        //如果正品计数满 15 个
{
\\本站点\Y3=1;        //正品计数灯亮
\\本站点\定时 3s=\\本站点\定时 3s+1;        //开始定时 3s
}
if(\\本站点\定时 3s>=30)        //如果定时 3s 到
{
\\本站点\Y3=0;        //正品计数灯灭
\\本站点\定时 3s=0;        //3s 定时器复位
\\本站点\正品计数满=0;        //正品计数满标志复位
}

//检测到一个次品
if(\\本站点\SQ1==1)        //如果检测到次品
{
\\本站点\次品=1;        //检测到次品
\\本站点\次品计数=\\本站点\次品计数+1;        //计算次品数
}
if(\\本站点\次品计数==5)        //如果次品满 5 个
{
\\\本站点\Y5=1;        //报警灯亮
```

```
    \\本站点\Y1=0;      //A 传送带电机断电
    \\本站点\Y2=0;      //B 传送带电机断电
    \\本站点\Y3=0;      //正品计数灯灭
    \\本站点\Y4=0;      //次品计数灯灭
    \\本站点\Y6=0;      //机械手停止
}

//机械手处理次品
    if(\\本站点\次品==1&&\\本站点\机械手返回==0)      //如果检测到次品且不是机械手返回状态
    {
        \\本站点\Y4=1;      //次品计数灯亮
        \\本站点\Y1=0;      //A 传送带电机断电
        \\本站点\Y6=1;      //机械手动作
        \\本站点\机械手动画=\\本站点\机械手动画+10;   //机械手旋转动画
    }
    if(\\本站点\机械手动画>100)      //如果机械手旋转到位
    \\本站点\机械手返回=1;      //机械手准备返回
    if(\\本站点\机械手返回==1)      //机械手在返回状态
    \\本站点\机械手动画=\\本站点\机械手动画-10;      //机械手返回动画
    if(\\本站点\次品==1&&\\本站点\机械手返回==1&&\\本站点\SQ3==1)      //如果机械手返回到位
    {
    \\本站点\Y6=0;      //机械手停止
    \\本站点\Y1=1;      //A 传送带电机通电
    \\本站点\Y2=1;      //B 传送带电机通电
    \\本站点\Y4=0;      //次品计数灯灭
    \\本站点\定时 15s=\\本站点\定时 15s+1;      //开始定时 15s
    \\本站点\垂直移动=\\本站点\垂直移动+5;      //B 传送带上工件上移动画
    }
    if(\\本站点\定时 15s>=150)      //定时 15s 到
    {
    \\本站点\Y2=0;      //B 传送带电机断电
    \\本站点\次品=0;      //次品标志复位
```

\\本站点\机械手返回=0;     //机械手返回标志复位
\\本站点\定时 15s=0;      //15s 定时器复位
\\本站点\垂直移动=0;      //垂直移动变量复位
}

## 六、系统调试

1. 板卡 PCI-1761 安装和接线

使用板卡 PCI-1761 前必须先正确安装。首先要对板卡进行跳线设置输出继电器状态和板卡的 ID。跳线说明如表 13-5-3 和表 13-5-4 所示。然后,将板卡插入到计算机空闲的 PCI 插槽中,再安装 Device Manager 和 32bitDLL 驱动。

表 13-5-3 输出继电器状态设置

| 跳线开关 | 功 能 描 述 | |
|---|---|---|
| JP2 | ▷○○○ | 热重启后保持最后的状态 |
| | ▷○○○ | 热重启后清除输出状态(默认) |

表 13-5-4 板卡的 ID 设置

| ID3 | ID2 | ID1 | ID0 | Board ID |
|---|---|---|---|---|
| 1 | 1 | 1 | 1 | 0 |
| 1 | 1 | 1 | 0 | 1 |
| 1 | 1 | 0 | 1 | 2 |
| 1 | 1 | 0 | 0 | 3 |
| 1 | 0 | 1 | 1 | 4 |
| 1 | 0 | 1 | 0 | 5 |
| 1 | 0 | 0 | 1 | 6 |
| 1 | 0 | 0 | 0 | 7 |
| 0 | 1 | 1 | 1 | 8 |
| 0 | 1 | 1 | 0 | 9 |
| 0 | 1 | 0 | 1 | 10 |
| 0 | 1 | 0 | 0 | 11 |
| 0 | 0 | 1 | 1 | 12 |
| 0 | 0 | 1 | 0 | 13 |
| 0 | 0 | 0 | 1 | 14 |
| 0 | 0 | 0 | 0 | 15 |

板卡 PCI-1761 接线时可用 PCL-10137（37 芯 D 型电缆，1 m）将 PCI-1761 与 ADAM-3937（可 DIN 导轨安装的 DB-37 接线端子）连接，这样 PCI-1761 的 37 个针脚和 ADAM-3937 的 37 个接线端子一一对应，可直接通过接线端子来连接输入/输出信号。

板卡 PCI-1761 的输入为光隔离数字量，输出为 SPDT 继电器，其接线法如图 13-5-2 所示。Vin 为 0V 时，IDI0 为"0"状态，Vin 为+10～+50 V 时 IDI0 为"1"状态。R0 输出"0"时 R0_NO 与 R0_COM 端断开，负载 LOAD1 去电压，R0_NC 与 R0_COM 端相连，负载 LOAD2 加电压；R0 输出"1"时 R0_NO 与 R0_COM 端相连，负载 LOAD1 加电压，R0_NC 与 R0_COM 端断开，负载 LOAD2 去电压。

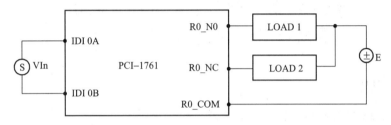

图 13-5-2　PCI-1761 输入/输出接法示意图

板卡 PCI-1761 安装完后就可以进行测试。打开 Device Manager 如图 13-5-3 所示。在此窗口中可以看出：板卡 PCI-1761 的地址为 0，ID 号为 0，I/O 基址为 e400H。在 Setup 项，可以设置板卡输入/输出通道的功能。在 Test 项，可以直接监测板卡的输入/输出数字量的状态。

图 13-5-3　Device Manager 窗

## 2. 在 VIEW 中调试

在组态王 VIEW 中调试前，需要确保硬件连线正确。正品和次品检测信号、机械手复位信号等开关量输入，在实际系统中是从传感器和限位开关送入的，考虑到它们某些特殊性，可以根据情况改变或删除它们的属性，也可以加操作权限，以防被人误操作。

另外，实际对象与设计时的考虑常常有差别，例如实际使用的开关类型、有效电平、对象特性以及接口设备等，在线运行效果可能会和计算机上的模拟调试有差别，需要进行设计调整。

## 七、实训报告

实训报告除完成常规要求外，还要画出完整的控制原理图，写出详细的动画连接设置和完整对应的画面命令语言程序。

# 实训 6  基于组态王 Kingview 6.50 实现双储液罐自动控制的实训

## 一、实训目的

学习用 Kingview 6.50 和板卡实现双储液罐自动控制。

## 二、实训器材

（1）PC 机一台。
（2）Kingview 6.50 组态软件。
（3）板卡 PCL-812PG 和接线端子 PCLD-780 各一块。
（4）导线、万用表、螺丝刀等工具。

## 三、实训要求

对两水罐的水位、温度进行检测，并将两水罐液位和下水罐温度都控制在给定值。运行中，应能人工输入水位给定值和给定温度值，并具有手动控制和自动控制功能。具体要求如下：

（1）手动控制时，能直接打开或关闭阀门、循环泵和电加热器。
（2）水位自动控制策略：为了提高控制品质，提出总水量概念。总水量＝下罐水位×下罐底面积＋上罐水位×上罐底面积。总思想时：

① 如果实际总水量低于设定总水量，开下罐进水阀，关下罐排水阀，由外管路向系统补水。
② 如果实际总水量高于设定总水量，关下罐进水阀，开下罐排水阀，向外管路排水。
③ 如果实际总水量等于设定总水量，则不与外管路进行水交换。同时判定：

下罐水位低：停止上罐进水，打开上罐排水阀，由上罐给下罐注水。
下罐水位高：停止上罐排水，向上罐注水。
上罐注水时，先打开上罐进水阀，延时 1 s 再打开循环泵；停止上罐进水时，则先关闭循环泵，延时 1 s 再关闭上罐进水阀。

（3）下罐温度自动控制：若实际温度低于给定温度，则给电加热器通电，否则电加热器断电。

## 四、设备 I/O 与变量的分配

PCL－812PG 板卡是多功能采集板，具有 16 路模拟量输入、2 路模拟量输出、16 路数字量输入、16 路数字量输出和 12 路 16 位定时/计数器。只需将板卡插入计算机空闲的 PCI 插槽中，再安装相应的驱动程序，就能直接使用。本例中使用 PCL－812PG 板卡作为输入/输出器件，只使用其模拟量输入和数字量输出，再由组态王 Kingview 6.50 实现逻辑控制。

### 1. I/O 分配

参考 I/O 分配见表 13-6-1。

表 13-6-1 参考 I/O 分配

| 输 入 | | 输 出 | |
|---|---|---|---|
| 对　象 | PCL-812PG 接线端子 | 对　象 | PCL-812PG 接线端子 |
| 下水罐液位，模拟量（1～5 V） | AD0 | 下罐进水阀，低电平有效 | DO0 |
| 上水罐液位，模拟量（1～5 V） | AD1 | 下罐排水阀，低电平有效 | DO1 |
| 下水罐温度，模拟量（1～5 V） | AD2 | 上罐进水阀，低电平有效 | DO2 |
| | | 上罐排水阀，低电平有效 | DO3 |
| | | 循环泵，低电平有效 | DO4 |
| | | 电加热器，低电平有效 | DO5 |

### 2. 变量定义

参考变量定义见表 13-6-2。

表 13-6-2 参考变量定义

| 变量名 | 类型 | 寄存器 | 初值 | 注　释 |
|---|---|---|---|---|
| 下水罐液位 | I/O 实型 | AD0.F1L5.G1 | 0 | 压力变送器送来下罐水位对应的电压 |
| 上水罐液位 | I/O 实型 | AD1.F1L5.G1 | 0 | 压力变送器送来上罐水位对应的电压 |
| 下水罐温度 | I/O 实型 | AD2.F1L5.G1 | 0 | 温度变送器送来下罐温度对应的电压 |
| 下罐进水阀 | I/O 离散 | DO0 | 1 | ＝0：下罐进水阀打开 |
| 下罐排水阀 | I/O 离散 | DO1 | 1 | ＝0：下罐排水阀打开 |
| 上罐进水阀 | I/O 离散 | DO2 | 1 | ＝0：上罐进水阀打开 |
| 上罐排水阀 | I/O 离散 | DO3 | 1 | ＝0：上罐排水阀打开 |
| 循环泵 | I/O 离散 | DO4 | 1 | ＝0：循环泵打开 |

续表

| 变量名 | 类型 | 寄存器 | 初值 | 注　　释 |
|---|---|---|---|---|
| 电加热器 | I/O 离散 | DO5 | 1 | ＝0：电加热器通电加热 |
| 转换开关 | 内存离散 | | 0 | ＝0：手动状态；＝1：自动状态 |
| 总水量 | 内存实型 | | 0 | 给定两水罐的总水量 |
| 设定温度 | 内存实型 | | 0 | 给定下罐的温度 |
| 下罐低水位 | 内存实型 | | 0 | 设定的下罐最低水位 |
| 下罐高水位 | 内存实型 | | 0 | 设定的下罐最高水位 |
| 定时 1 s | 内存整型 | | 0 | 1 s 定时器 |
| 下罐进水 | 内存整型 | | 0 | 下罐进水动画效果 |
| 下罐排水 | 内存整型 | | 0 | 下罐排水动画效果 |
| 上罐进水 | 内存整型 | | 0 | 上罐进水动画效果 |
| 上罐排水 | 内存整型 | | 0 | 上罐排水动画效果 |

## 五、组态画面的设计

1. 监控画面制作

参考画面如图 13-6-1 所示。画面中设计了两个储液罐、管道、水泵、阀门和三个变送器等，设计了一个手动/自动切换按钮，能从画面上直接切换。还设计了两储液罐液位显示窗和温度、总水量、高/低水位给定窗。

2. 动画连接

下面只给出基本动画连接要求与实现方法提示。读者可根据题意设计出更多的动画效果。

（1）手动/自动切换动画效果。要求：单击按钮，相应变量置 0，再单击，置 1。同时用文字表示状态。

（2）给定量动画效果。要求：可以直接输入数值，或用旁边的加/减键输入。总水量用两储液罐总量的百分比表示，高、低水位用下罐总量的百分比表示，设定温度用℃表示。

（3）两罐动画效果。要求：用液面高低表示水位，同时在旁边用单罐总量的百分比表示液位。

（4）阀门和水泵动画效果。要求：用颜色变化表示阀门和水泵的开或关。

（5）管道水流动画效果。要求：阀门和水泵打开时，显示水流并流动，阀门和水泵关闭时看不到水流。

（6）电加热器动画效果。要求：用颜色变化表示电加热器通电或断电。

3. 画面命令语言编写

控制程序的编写要从简到难，一个功能一个功能地实现。编写一个功能，调试一个功能，调试成功后，再加入新的功能，反复进行调试修改。调试时可在画面中增加一些变量（如定

# 第13章 基于组态王 Kingview 6.50 的控制实训

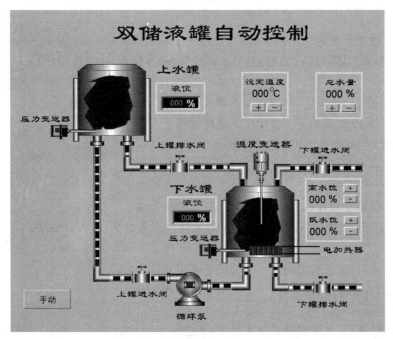

图 13-6-1 双储液罐自动控制监控参考画面

时1s、上水罐液位、下水罐液位等)的输出显示,以便分析错误。也可把有关变量的属性改为"读写",就可以脱离硬件直接给进信号调试。要注意对实际模拟输入量与显示值之间的关系进行适当的修正。

参考画面命令语言如下:
(监控画面存在时每隔100ms执行一次)

```
//自动控制状态
if(\\本站点\转换开关==1)      //如果转换开关打开即为自动状态
{

//实际总水量低于设定总水量
if((\\本站点\下水罐液位+\\本站点\上水罐液位)<\\本站点\总水量*0.05)
{
\\本站点\下罐进水阀=0;      //打开下罐进水阀
\\本站点\下罐排水阀=1;      //关闭下罐排水阀
\\本站点\定时 1s=0;          //1s 定时器复位
}
```

273

```
//实际总水量高于设定总水量
if((\\本站点\下水罐液位+\\本站点\上水罐液位)>\\本站点\总水量*0.05)
{
\\本站点\下罐进水阀=1;        //关闭下罐进水阀
\\本站点\下罐排水阀=0;        //打开下罐排水阀
\\本站点\定时 1s=0;           //1s 定时器复位
}

//实际总水量等于设定总水量
if((\\本站点\下水罐液位+\\本站点\上水罐液位)==\\本站点\总水量*0.05)
{
    \\本站点\下罐进水阀=1;        //关闭下罐进水阀
    \\本站点\下罐排水阀=1;        //关闭下罐排水阀

    if(\\本站点\下水罐液位<=\\本站点\下罐低水位*0.05)   //如果下水罐实际液位低于设定的低水位
    {
    \\本站点\上罐排水阀=0;        //打开上罐排水阀
    \\本站点\循环泵=1;            //关闭循环泵
    \\本站点\定时 1s=\\本站点\定时 1s+1;    //1s 定时器开始计时
        if(\\本站点\定时 1s>=10)       //如果 1s 定时到
        {
        \\本站点\上罐进水阀=1;        //关闭上罐进水阀
        \\本站点\定时 1s=0;           //1s 定时器复位
        }
    }

    if(\\本站点\下水罐液位>=\\本站点\下罐高水位*0.05)   //如果下水罐实际液位高于设定的高水位
    {
    \\本站点\上罐排水阀=1;        //关闭上罐排水阀
    \\本站点\上罐进水阀=0;        //打开上罐进水阀
    \\本站点\定时 1s=\\本站点\定时 1s+1;    //1s 定时器开始计时
```

```
        if(\\本站点\定时 1s>=10)      //如果 1s 定时到
        {
        \\本站点\循环泵=0;         //打开循环泵
        \\本站点\定时 1s=0;        //1s 定时器复位
        }
    }

    if(\\本站点\下水罐液位>\\本站点\下罐低水位*0.05&&\\本站点\下水罐液位<\\本站点\下
罐高水位*0.05)     //如果下水罐实际液位在设定的高水位与低水位之间
    {
    \\本站点\上罐排水阀=1;      //关闭上罐排水阀
    \\本站点\循环泵=1;          //关闭循环泵
    \\本站点\定时 1s=\\本站点\定时 1s+1;      //1s 定时器开始计时
        if(\\本站点\定时 1s>=10)      //如果 1s 定时到
        {
        \\本站点\上罐进水阀=1;     //关闭上罐进水阀
        \\本站点\定时 1s=0;        //1s 定时器复位
        }
    }
}

//温度控制
    if(\\本站点\下水罐液位>\\本站点\下罐低水位*0.05&&\\本站点\设定温度>\\本站点\下水
罐温度*20)    //如果下水罐实际液位高于低水位且设定温度高于下水罐实际温度
    \\本站点\电加热器=0;     //电加热器通电
    else    //否则
    \\本站点\电加热器=1;     //电加热器断电

}       //自动控制功能结束

//水流流动动画
if(\\本站点\下罐进水阀==0)     //下罐进水动画
\\本站点\下罐进水=\\本站点\下罐进水+10;
if(\\本站点\下罐进水>=100)
```

\\本站点\下罐进水=0;

if(\\本站点\下罐排水阀==0)　　　//下罐排水动画  
\\本站点\下罐排水=\\本站点\下罐排水+10;  
if(\\本站点\下罐排水>=100)  
\\本站点\下罐排水=0;

if(\\本站点\循环泵==0)　　　//上罐进水动画  
\\本站点\上罐进水=\\本站点\上罐进水+10;  
if(\\本站点\上罐进水>=100)  
\\本站点\上罐进水=0;

if(\\本站点\上罐排水阀==0)　　　//上罐排水动画  
\\本站点\上罐排水=\\本站点\上罐排水+10;  
if(\\本站点\上罐排水>=100)  
\\本站点\上罐排水=0;

## 六、系统调试

**1. 板卡 PCL-812PG 安装和接线**

使用板卡 PCL-812PG 前必须先正确安装。首先要对板卡进行 RP1 跳线设置基址。跳线说明如表 13-6-3 所示。设置时，应避免同其他 I/O 卡以及普通 PC 机的通用 I/O 卡相冲突。然后，跳线设置模拟量输入 A/D 和输出 D/A 的电压范围、A/D 转换的触发方式、D/A 转换的参考电压等，详细设置参照板卡说明书。本例使用默认设置，即 A/D 输入默认为±5V，内部时钟触发。最后，将板卡插入到计算机空闲的 PCI 插槽中，再安装 Device Manager 和 32bitDLL 驱动即可。

表 13-6-3　基址设置

| 地址（16 进制） | 1（A9） | 2（A8） | 3（A7） | 4（A6） | 5（A5） | 6（A4） |
| --- | --- | --- | --- | --- | --- | --- |
| 200-20F | 1 | 0 | 0 | 0 | 0 | 0 |
| 210-21F | 1 | 0 | 0 | 0 | 0 | 1 |
| 220-22F* | 1 | 0 | 0 | 0 | 1 | 0 |
| 230-23F | 1 | 0 | 0 | 0 | 1 | 1 |
| 300-30F | 1 | 1 | 0 | 0 | 0 | 0 |
| 3F0-3FF | 1 | 1 | 1 | 1 | 1 | 1 |
| 注：ON=0，OFF=1。带*号为出厂时设置。 | | | | | | |

板卡 PCL-812PG 接线时可用电缆线将 PCL-812PG 的 A/D 插座、DO 插座与 PCLD-780 接线端子板连接，这样 PCL-812PG 的 A/D 和 DO 针脚和 PCLD-780 的 20 个接线端子一一对应，可直接通过接线端子来连接输入/输出信号。

板卡 PCL-812PG 的模拟输入通过接线端子 PCLD-780 可把 4～20 mA 信号转换为 1～5 V；数字量输出接口能力为 TTL 级，必须通过放大才能驱动负载。其接线法如图 13-6-2 所示。

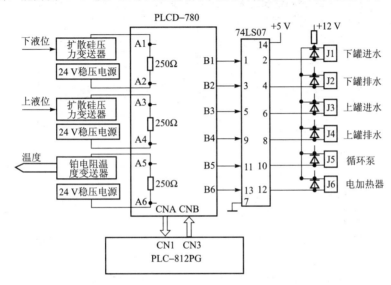

图 13-6-2　PCL-812PG 输入/输出接法示意图

PCL-812PG 的 CN1 和 CN3 分别与 PCLD-780 的 CAN 和 CNB 相连接，下罐液位、上罐液位和下罐温度变成 1～5 V 送给 A/D 0～3。当 D/O 0～5 输出"0"时，对应的继电器 J1～J6 就通电，从而打开相应的阀门或循环泵或电加热器。

板卡 PCL-812PG 安装完后就可以进行测试。打开 Device Manager。在此窗口中可以看出：板卡 PCL-812PG 的地址为 1，I/O 基址为 220H。在 Setup 项，可以设置板卡输入/输出通道的功能。在 Test 项，可以直接监测板卡的输入/输出的状态。

2. 组态王中测试 PCL-812PG

在组态王工程浏览器中选中设备"板卡"，再选中已定义的设备 PCL812PG，单击鼠标右键，选择测试命令，单击鼠标左键，弹出串口设备测试窗，如图 13-6-3 所示。

在此测试窗中可直接测试板卡 PCL812PG 的输入/输出寄存器状态，以验证板卡 PCL812PG 与组态王通讯成功。要注意"板卡参数"中设备地址必须正确，本例中板卡 PCL812PG 的地址位：220H。

3. 在 VIEW 中调试

在组态王 VIEW 中调试前，需要确保硬件连线正确。设定温度、总水量、高/低水位等，考虑到它们的特殊性，可以加操作权限，以防被人误操作。

另外，实际对象与设计时的考虑常常有差别，例如上水罐液位、下水罐液位和下水罐温度都为模拟量输入，如果变送器送来模拟量的实际量程不是 1～5 V，则需要在显示和画面命令语言中进行调整修正。

图 13-6-3　板卡设备测试窗

## 七、实训报告

实训报告除完成常规要求外，还要画出完整的控制原理图，写出详细的动画连接设置和完整对应的画面命令语言程序。

# 参 考 文 献

[1] 袁秀英. 组态控制技术 [M]. 北京：电子工业出版社，2003.
[2] 马正午，周德兴. 过程可视化组态软件 InTouch 应用技术 [M]. 北京：机械工业出版社，2006.